ZHONGXIAO QIYE HUANBAO JILI JIZHI

中小企业
环保激励机制

幸昆仑◎著

U0319417

SME

ENVIRONMENTAL
PROTECTION

Editor by Xinkunlun

重庆大学出版社

内容提要

中小企业在为经济和社会发展作出重大贡献的同时,对环境也造成了较严重的破坏。现有的环保法规、政策对大企业相对适用些,而对中小企业却收效甚微。因此,本书针对中小企业的主要特征和导致中小企业环保规制难的主要原因,设计出科学、合理的激励机制,以实现对中小企业的有效激励。

本书综合运用了理论研究、实证及案例研究、仿真研究相结合的研发方法。首先通过实证研究找出企业规模与排污系数(或排污强度)的关系,分析了我国中小企业特征、中小企业环保规制现状和困境,以及规制难的主要原因。并在此基础上,采用博弈论和机制设计理论,考虑政府、中小企业、治污企业和研发机构等中小企业环保规制各主体参与环保规制的约束及诉求,分析不完全规制、集中治污、中小企业单独和协同创新等情况下的政府环保规制措施对中小企业生产、排污及减排技术创新等行为,治污企业定价和治污行为,研发机构的研发投资行为等的影响,设计出有效的中小企业环保激励机制。

本书可为政府环保监管部门制定中小企业环保激励政策提供理论指导,也可为理论研究者提供参考。

图书在版编目(CIP)数据

中小企业环保激励机制 / 幸昆仑著 . --重庆:重庆大学出版社,2018.10
ISBN 978-7-5689-1089-7

Ⅰ.①中… Ⅱ.①幸… Ⅲ.①中小企业—企业环境管理—激励制度—研究 Ⅳ.①X322

中国版本图书馆 CIP 数据核字(2018)第 104864 号

中小企业环保激励机制

幸昆仑 著

策划编辑:周 立

责任编辑:陈 力 杨育彪　　版式设计:周 立
责任校对:邬小梅　　　　　　责任印制:张 策

*

重庆大学出版社出版发行

出版人:易树平

社址:重庆市沙坪坝区大学城西路 21 号

邮编:401331

电话:(023) 88617190　88617185(中小学)

传真:(023) 88617186　88617166

网址:http://www.cqup.com.cn

邮箱:fxk@ cqup.com.cn(营销中心)

全国新华书店经销

重庆市国丰印务有限责任公司印刷

*

开本:787mm×1092mm　1/16　印张:17　字数:198 千
2018 年 10 月第 1 版　　2018 年 10 月第 1 次印刷
ISBN 978-7-5689-1089-7　定价:48.00 元

前　言

　　我国现有中小企业 4 240 余万家,占全国企业总数的 99.6%,其销售额占所有企业销售总额的 58.9%,税收占比为 48% 左右,新产品占比为 82%,解决就业占比为 75%,中小企业已成为推动我国经济及社会发展的重要力量。但是,由于大多数中小企业生产工艺落后、技术水平低,其在推动经济和社会发展的同时,给外部环境也带来了巨大压力,中小企业已成为我国生态环境污染的重要责任者之一。我国虽已形成以《中华人民共和国宪法》和《中华人民共和国环境保护法》为环保大法,包括 100 多种法律、地方法规和行业规则的法律体系,但这些法律及相关的政策均被证明对大企业相对适用些,而对中小企业却收效甚微。因此,要保护生态环境,减少环境污染以及由此带来的社会福利损失,强化对中小企业的规制,提升环境规制绩效,就必须对现有的环境规制措施进行改进和完善,需要针对中小企业的主要特征和导致中小企业环保规制难的主要原因,设计出科学、合理的激励机制,以实现对中小企业的有效激励,促使其在追求自身利益最大化的同时放弃偷排,自愿减排,实现中小企业及社会经济发展与环境保护的双赢。

本书针对我国中小企业环境污染严重的现状,实证调研找出了我国中小企业生产及排污行为的特征,以及中小企业环保规制中的主要问题及制约中小企业环保规制绩效的主要因素,并在此基础上设计适合我国中小企业环保规制现状的激励机制,还提出了有针对性和可操作性的政策建议,以激励中小企业自愿治污减排,实现中小企业发展与环保的双赢。

全书共分6篇12章。

第1篇"总论"由第1章"环保激励概述"组成。主要介绍环保激励的基本理论、监管方法和排污监管与经济发展的关系。

第2篇"我国中小企业环保规制现状"由第2章"我国中小企业环保规制现状"构成。基于重庆市沙坪坝区污染源普查数据库的资料,运用回归分析方法,实证研究了企业规模与企业排污系数(或排污强度,即单位产品的排污量)的关系,并对我国中小企业的特征、环保规制现状、困境及规制困难的主要原因进行了研究。

第3篇"中小企业不完全环保规制"由第3章"不完全规制对中小企业排污行为的影响机理研究"和第4章"不完全规制下的中小企业环保激励机制"构成。第3章研究政府在完全不规制、完全规制和不完全规制等不同规制模式下对中小企业排污策略的影响大小、方向和机理。第 4 章研究政府在只能实施不完全规制时，应如何确定重点规制对象，以及如何通过合理可行的环保监督处罚策略的设计，规范中小企业污染物治理和排放行为，防止偷排。

第 4 篇"中小企业集中治污环保规制"由第 5 章"中小企业排污指标分配机制"、第 6 章"政府对中小企业单独监督机制"、第 7 章"政府与治污企业联合监督机制"、第 8 章"政府指导下的治污定价机制"和第 9 章"中小企业联盟下的集中治污谈判定价机制"构成。

在开篇案例中，以浙江省对中小企业集中治污的规制为例，探讨我国在集中治污方面的实践情况，以及面临的排污指标分配、环保监督及治污定价等问题。

第 5 章通过分析集中治污模式下政府给予中小企业排污指标对中小企业生产和排污策略以及社会福利的影响，并分析中小企业排污系数、单位污染物社会成本等主要因素，对政府排污指标分配策略和中小企业排污策略的影响，对集中治污下政府是否应该给中小企业排污指标，应以什么标准分配排污指标的问题进行了探讨。

第 6 章和第 7 章研究集中治污下的中小企业环保监督机制。其中，第 6 章研究政府在凭借自身力量单独对中小企业进行环保监督时，政府的最优监督机制，包括监测频率、奖/惩措施及对治污企业定价行为的规制等,并分析了这些措施对中小企业排污策略及社会福利的影响;第7章研究政府联合治污企业共同对中小企业进行环保监督时的最优联合监督机制,分析联合监督机制对治污公司的治污定价和排污策略,以及中小企业生产和排污策略的影响。

第8章和第9章研究集中治污下的治污定价机制。其中,第8章对比分析完全市场化的治污定价和在政府指导下的治污定价机制,以及相应的中小企业生产和排污行为及社会福利;第9章研究政府引进治污企业改为推荐治污企业,由中小企业与候选治污企业通过谈判选择治污企业并确定治污价格,对比中小企业不同结盟方式下,治污企业与中小企业(或中小企业联盟)确定治污收费价格谈判过程及最终谈判结果,分析各方讨价还价能力及中小企业结盟策略对治污收费价格及各方利益分配的影响,并为治污企业设计出最优收费机制。

第5篇"中小企业减排技术创新补贴机制"由第10章"中小企业清洁生产补贴机制"和第11章"中小企业减排技术协同创新补贴机制"构成。其中,第10章在中小企业不采取清洁生产方式和采用清洁生产方式(独立投资减排技术创新)两种模式下,考察政府补贴机制对中小企业生产方式选择和治污行为的影响;第11章则对比分析政府减排技术创新投入补贴对中小企业减排技术协同创新投资策略,以及生产、排污策略对社会福利的影响,解答政府是否应该及如何给予中小企业减排技术创新补贴的问题。

第6篇"环保政策"由第12章"中小企业环保激励机制建设政策"构成，本篇在前文研究成果的基础上提出政府对中小企业的环保激励机制。

本研究受中华人民共和国教育部社会科学司人文社科项目（编号：11YJC630070）资助，项目团队成员积极参与了相关研究和撰写，特别是黄波博士和刘金平博士直接参与了本书研究和撰写的全过程，在此表示深深感谢。

本书在写作过程中参考了大量文献，已尽可能地列在书后的参考文献中，但其中仍难免有所遗漏，这里特向被遗漏的作者表示歉意，并向所有的作者表示诚挚的谢意。

由于作者水平有限，本书错误之处在所难免，敬望读者批评指正。

幸昆仑

2018 年 1 月

目　录

第3篇　中小企业不完全环保规制

第4篇　中小企业集中治污环保规制

4

第 6 篇　环保政策

第1篇

总 论

第 *1* 章 环保激励概述

1.1 环保激励理论

1.1.1 规制理论

1)规制的内涵

规制(Regulation),也称政府规制(Government Regulation),是在市场失灵的情况下,政府运用公共权力,通过制定一定的规则,或通过某些具体的行动对个人或组织的行为进行限制和调控,是人们交换过程中的正式或非正式规则(Ekelund,1998)。1988年,斯蒂格利茨提出,市场失灵既有微观经济层面的原因,也有宏观经济层面的原因,因此,从广义上来说,政府规制也应该包含微观和宏观两个层面。

在市场经济条件下,国家对宏观经济的干预称为宏观调控,对微观经济的干预称为微观规制。但是,理论界一般不把宏观经济层面的问题归于市场失灵的范畴,Acolella(1998)指出,大多数经济学家在使用市场失灵这一术语时,都没有考虑到宏观经济层面的因素,一般都是指帕累托最优条件没有达到的情况。因此,从狭义的角度看,规制仅指政府对微观经济主体的经济控制或干预。

在 20 世纪 70 年代以前,对规制的理论和实证研究主要集中在对公共品的价格与准入的控制上,其核心是探讨在规模报酬递增的情况下,如何确定价格以及费率结构的问题(闫杰,2008)。具有代表性的学者是 Kahn,Kahn(1970)认为"规制是对该种产品的结构及其经济绩效的主要方面的直接的政府规定。"非常明显,该定义局限在公共事业方面,并未扩展到其他领域。

Magill(1991)详细地对规制进行了解释。Magill 认为:规制是公共政策的一种形式,即通过设立职能部门来管理(而不是直接由政府所有)经济活动,通过对抗性的立法程序而不是毫无约束的市场力量来协调产生于现代产业经济中的经济冲突。日本经济学家植草益对规制的定义:社会公共机构依照一定的规则对企业的活动进行限制的行为。但是,植草益的定义是在广义的角度对规制的定义,宏观调控也作为了规制的内容之一。此外,Stigler、Spulber 也从不同的角度对规制进行了定义。Stigler(1971)认为:规制作为一项规则,是对国家强制权的运用,是应利益集团的要求为实现其利益而设计和实施的。该定义实际上并不认为规制的目标是帕累托最优,而是把规制当成政府与利益集团互动的结果。这个角度的定义,丰富了规制的内涵,也扩充了规制理论的研究视角。例如,政府对能源、通信等领域的规制,也可以看成通过规制措施保护了既得利益集团的利益,而

3

损害了社会福利最大化的目标。Spulber(1999)在综合了经济学、法学和政治学中规制的概念的基础上,提出"规制是由行政机构制定并执行的直接干预市场配置机制或间接改变企业和消费者的供需决策的一般规则或特殊行为。规制的过程是由被规制市场中的消费者和企业,消费者偏好和企业技术,可利用的战略以及规则组合来界定的一种博弈。"该定义的一个显著特点是注意到了规制客体,也就是说被规制对象的主观能动性,将其纳入一个博弈过程来考虑规制的结果。

国内学者也对规制的内涵进行了分析。如王爱君和孟潘(2014)回顾了西方规制理论的演进脉络,总结出规制理论在研究范式整合、规制与竞争融合、规制框架扩展等问题。王俊豪(2001)从法律角度,谢地(2003)从当前中国规制的实际情况,张红凤(2005)从规制的实证目标,王雅莉、毕乐强(2005)从公共性的角度分别对规制的内涵进行了分析。闫杰(2008)通过分析相关文献指出,现代通常意义上的规制是指在以市场机制为基础的经济体制条件下,以弥补"市场失灵"为目的,政府(或规制机构)利用国家强制权,依据一定的法规对微观经济主体进行直接的经济、社会控制或干预,其规范目标是弥补市场失灵,维护良好的经济绩效,实现社会福利的最大化。这一综合定义具有良好的可移植性,可以很好地借鉴到环境保护规制之中。

2)规制的内容和手段

现代规制经济学通常将规制分为经济性规制、社会性规制和反垄断规制三大领域(王俊豪,2007)。经济性规制的研究领域主要是自然垄断和存在严重信息不对称的领域,它是以某个具体产业为主要研究对象的,如对电力行业、电信行业、石油行业等的规制。社会性规制的研究领域主要包括卫生健康、安全和环境保护等。与经济性规制不同的是,社会性规制不以特定产业为研究对象,而是围绕如何达到一定的社会目标,实行跨产业的全方位的规制。反垄断规制具有相对独立性,其主要研究对象是垄断企业,特别是垄断行为,旨在保护社会公平竞争,维护市场竞争机制。

也有从其他研究角度对规制进行的分类(闫杰,2008)。日本经济学家植草益认为对微观经济的“公共规制”分为 3 个方面:第一,公共供给政策。政府以公共物(包括公共设施及公共服务)供给为目的,取得财政收入而提供纯公共物、社会公共服务、社会间接资本等的政策性行为。第二,公共引导政策。以解决不完全竞争和风险等一些市场的失灵为目的,用货币、非货币手段(财政、金融和行政指导)引导经济主体活动的政策行为。第三,公共规制政策。政府为了解决不完全竞争、自然垄断、外部不经济和非价值性物品等市场失灵而依据法律权限限制经济主体的行为(植草益,1992)。

美国经济学家史普博(1999)将规制分为 3 种类型:第一,直接干预市场配置机制的规制,如价格规制、产权规制及合同规制。在某些市场里,价格体系可能完全或部分由商品的行政性配置来取代,如公共企业的行政性定价。第二,通过影响消费者决策而影响市场均衡的规制。消费者的预算组合受税收、补贴或其他转移性支付的制约。对消费者选择的直接规制有汽车尾气排放量限制及购买保险条件等。第三,通过干扰企业决策从而影响市场均衡的规制,此类约束包括施加于产品特征(如质量、耐久性和安全等)之上的限制。对企业投入、产出或生产技术的限制导致企业产品组合方面的制约。例如,环境规制就涉及投入约束(低硫燃料油的使用)、产出约束(排污配额)及技术约定(治理污染所需的最有效技术)。

规制的内容非常广泛,主要有准入规制、价格规制、数量规制等。准入规制是政府对各种微观经济主体进入某些部门或行业进行规制,旨在将微观经济主体纳入依法经营、接受政府监督的范围,或是控制进入某些行业。为此,政府或者对一般竞争性行业的所有微观经济主体实行注册登记制度,或者对某些特殊行业实行申请审批制度或特许经营制度。前者属于一般的行业准入规制,而后者则属于特殊的行业准入规制。价格规制主要是由政府确定产品或服务的价格,如对一些农产品和矿产品的生产行业实行保护性的价格规制等。数量规制主要是指政府对市场主体生产和供应的产品的数量加以限制,其目的主要是保证商品和服务的质量水平,在提高资源配置效率的同时,维护基本的社会福利。此外,现代市场经济条件下,政府规制中还包括会计和统计规制、社会保障规制等方面的内容。

1.1.2 外部性

1)外部性的内涵

外部性是政府在进行环境规制时所必须考虑的,也是环境规制的理论基础之一。外部性概念是由马歇尔在《经济学原理》中首先提出的(当时被称为"外部不经济")。萨缪尔森和诺德豪斯认为,外部性是指那些生产或消费对其他团体强征了不可补偿的成本或给予了无须补偿的收益的情形。通俗来说,外部性就是在经济活动中,某个经济主体对另一个经济主体在缺乏经济交易的情况下所产生的影响。那么,根据这种影响效果的结果来看,就可以分为外部经济(正外部经济效应、正外部性)和外部不经济(负外部经济效应、负外部性)。外部性的定义强调事务在两个当事人之间的转移,而且是在他们之间缺乏任何经济交易的情况下发生的。

外部性的提出为经济学家分析环境污染问题提供了有力的理论基础。庇古(1932)在《福利经济学》一书中指出外部性是由于边际私人成本与边际社会成本、边际私人收益与边际社会收益背离造成的。当存在外部性时,市场的价格不能反映生产的边际社会成本,即私人成本不能完全衡量经济效应,市场机制不能靠自身运动达到资源配置的帕累托最优状态。当存在外部经济时,边际私人成本比边际社会成本高。相反,当存在外部不经济时,边际社会成本比边际私人成本高。庇古提出,政府应以征税或补贴的方式来弥补二者的差异。科斯(1960)在《社会成本问题》一文中,提出以交易成本为基础的外部性理论。科斯认为在交易成本为零的情况下,只要产权界定是清晰的,不通过政府干预,交易双方可以通过谈判的方式来解决外部性;在存在交易成本的情况下,只有当市场交易所带来的价值高于交易成本时,交易才有可能继续进行。但是,完全明确环境的产权是非常困难的。这也是政府对环境规制的必要性的体现。

闫杰(2008)基于沈满洪、何灵巧(2002)、贾丽虹(2003)等的研究,根据外部性产生原因、领域、时空、方向等方面进行了分类。按照外部性产生原因,可以分为技术的外部性和货币的(金融)外部性两类。技术的外部性是某种消费活动或生产活动对消费者的消费集的间接影响(间接影响是指影响涉及的不是进行这一经济活动的厂商,而是别的厂商,其影响不通过价格系统起作用)。技术的外部性也称为真正的外部性,而货币的外部性则被认为是假的外部性。外部性

7

按照产生领域可分为生产的外部性与消费的外部性,以往经济理论重视的是生产领域的外部性问题,而现在消费行为所产生的环境污染已经成为普遍关注的环境问题。例如,农药、化肥的生产和消费都会对环境造成污染,而石油、煤炭的消费对环境的污染更甚于生产环节的污染。按照产生的时空,外部性可分为代内外部性和代际外部性。通常的外部性是一个空间概念,主要是从当期考虑资源是否合理配置,即主要是指代内的外部性问题。而代际外部性问题主要是要解决人类代际之间行为的相互影响,尤其是要消除前代对后代、当代对后代的不利影响。而目前代际外部性的问题日益突出,生态破坏、资源枯竭等问题,已经危及后代的生存。按照方向性,外部性可分为单向的外部性与交互的外部性。单向的外部性是指:"在一个共同的环境中,资源利用的短期外部环境成本或效益的流动是'单行道'方式,也就是说一方对另一方所带来的外部经济或外部不经济。"例如化工厂从上游排放废水导致下游渔场产量的减少,而下游的渔场既没有给上游的化工厂产生外部经济效果,也没有产生外部不经济效果。大量的外部性属于单向外部性。交互的外部性是指:"所有当事人都有权利接近某一资源并可以给彼此施加成本。"例如所有国家都对生态环境造成了损害,彼此之间都有外部不经济。当然,外部经济也存在单向和交互的情况。例如,相邻的养蜂场和果园,果园提升了蜂蜜的产量,而蜜蜂采花粉的过程也提高了果园的产量,这就是交互外部经济。

外部性是一个内涵极其丰富、极有研究价值的重要概念,也是经济学研究最多、争议最多的问题之一。尽管各个经济学流派对外部性问题所持的观点不同,但总体来说可以把他们分成两大阵营:自由放任派认为,外部性是由于市场机制不够完善造成的,只要建立相应的法律和法规,市场机制本身就能够克服外部性,实现资源的最优配置;国家干预派认为,外部性的存在使市场机制不可能实现资源的最优配置,必须借助政府干预。由于外部性的根源和表现形式的多样性,使得单一理论很难解释所有的外部性问题,单一方法也很难解决所有的外部性问题。

2) 外部性对资源配置的影响

在价格既定的情况下,当存在生产的负外部性时,生产者没有偿付生产行为过程中的全部成本,就会使产量超过社会最优的产出水平。当存在生产的正外部性时,生产者没有获得全部的社会收益,产量就会低于社会的最优水平。因此,外部性的存在造成了社会脱离最有效的生产状态,单纯使用市场机制无法实现资源的优化配置而不能很好地实现其优化资源配置的基本功能。

接下来说明外部性如何影响资源配置。假定某个人进行某项活动的私人收益为 V_P,而该活动所产生的社会效益为 V_S。由于存在外部收益,私人收益小于社会收益,$V_P < V_S$。如果这个人进行该项活动的私人成本 C_P 大于私人收益而小于社会收益,即有 $V_P < C_P < V_S$,尽管从社会的角度看该行动时有益的,这个人显然不会进行这项活动。因此,在存在外部收益的情况下,私人活动的水平常常低于社会所要求的最优水平。显而易见,在这种情况下,帕累托最优状态没有得到实现,还存在帕累托改进的余地。如果这个人进行这项活动,则他所损失部分为 $(C_P - V_P)$,社会上其他人由此而得到的好处为 $(V_S - V_P)$。由于 $(V_S - V_P)$ 大于 $(C_P - V_P)$,如果从社会上其他人所得到的收益中拿出一部分来补偿行为者的损失,社会可以得到好处。

9

反之,当存在负外部性时,私人成本小于社会成本,即使在社会角度来说,该活动是不利的,但是私人仍然会采取行动。

假设一个钢铁厂向附近的河里排放污染物,影响了河流下游渔民的捕捞,因为钢铁厂向河里排放的污染物越多,河里的鱼就越少。设钢铁厂生产的边际成本为 MC,钢铁厂向河里排放污染物给渔民造成的边际外部成本为 MEC,因此钢铁厂的边际社会成本为 MSC = MC+MEC,当钢铁的市场价格为 p_1 时,在不考虑企业所造成的外部性的情况下,其利润最大化的产出水平为 q_1;但从企业造成的社会边际成本 MSC 来看,最优的产出水平应为 q_2。从图 1.1 上可以看出,$q_1 >$ q_2,显然企业生产了太多的产品。

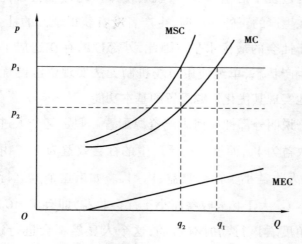

图 1.1　环境污染的负外部性

3) 对外部性的处理方法

外部性的存在,使私人成本和私人收益与社会成本和社会收益相背离,生产者和消费者在决策时虽然可以做到个体最优,但不能达到社会最优。自从人们认识到外部性的存在,就在不断地寻找解决途径,解决外部性的基本思路是,让外部性内部化,即通过制度安排将经济主体经济活动所形成的社会收益或社会成本,转为私人收益或私人成本,使技术上的外部性变为经济上的外部性,在某种程度上强制实现原来并不存在的货币转让,黎诣远(2002)提出了以下解决外部性的 3 种方法。

(1)征税和补贴

政府可以对负的外部性征收某些附加税,对正的外部性则给予一定补贴。附加税的征收会抑制厂商负的外部性的经济活动,而补贴则能增加产生正的外部性的经济活动。如图 1.1 所示,假设政府对这个钢铁厂每单位产品征收相当于 MEC 的税,那么税后得到的单位产品价格,实际上从 p_1 降到 p_2,由此会促使它将产量降到 q_2,这时的产量恰好是 $p_1 = \text{MSC}$ 的产量。

征税和补贴的效果是否理想,关键之一在政府是否能够得到足够的信息,以使得税收或补贴恰恰与相关的外部性正好抑制。

(2)企业合并

当一个企业的生产活动影响到另外一个或几个企业的情况下,如果影响是外部正效应,则前一个企业会由于给其他企业增添的效益而自己无法收回,使自己的生产低于社会最优水平;反之,如果影响是外部负效应,前一个企业则会不顾自己给其他企业造成的额外负担,而使自己的生产超过社会最优水平。但是,如果把这几个企业合并为一个企业,则过去的外部效应就"内部化"了。合并后的大企业,为了自己的整体利益将使自己的生产保持在边际成本等于边际收益的水平上,而此时合并企业的成本与收益将等于社会的成本与收益,预示资源配置达到相对的帕累托最优状态。

仍以前面所举的钢铁厂与渔场为例,当钢铁厂独立行动的时候,它是根据自己的成本函数决策的,往往不会过多考虑污染物引起的外部性问题。如果将渔场和钢铁厂合并成一个既产鱼又产钢的企业,外部效应就没有了。在这一新的合并企业中,河流污染会增加既定产鱼量的成本,因此会影响到钢铁厂和渔场的联合成本,污染物的影响成了内部影响,所以,合并企业中的钢铁厂在选择利润最大化的生产计划时,将会同时考虑污染对钢铁厂和渔场的影响,自然比独立行动时排放的污染物少。

(3)产权界定与科斯定理

12

当企业使用某种资源必须支付成本时,这种成本会构成影响企业生产决策的一个重要因素。例如,企业雇用劳动力必须支付工资,并达到劳动的边际产品价值等于工资。但如果企业可以污染河流而无须付出任何代价,就没有必要将这种外部成本作为考虑因素。为什么企业必须支付工资而不必补偿污染河流的代价呢?答案在于产权的界定。经济学理论认为,对某种资源的产权意味着这样三种权利:占有权、收益权、处置权。以土地为例,拥有土地产权的人有权决定如何使用这块土地,享有这块土地带来的所有收入,还有权将目前拥有的产权转让给别人。企业要雇用劳动力必须付给相应的报酬,是因为企业员工所拥有的劳动产权是由法律界定清楚并加以保护的,而企业能够随意污染河流则是由于河流的产权模糊,以至于企业可以将它作为一个方便的排污场所。如果这是一条产权清楚的私人河流,情况就会不同,企业必须经过河流的所有者同意并支付足够的补偿,才能向河流排污,而这一项成本就必然进入企业决策者的考虑之中,不再是外在成本了。

刘研华(2007)在其博士论文中对解决环境外部性问题进行了更为具体的分析,刘研华分别对庇古税、制度经济学的"环境权"(也就是科斯的产权界定)以及激励性规制方案进行了分析。汤吉军(2011)针对不完全竞争市场结构的现实,探讨了环境污染外部性的福利效果,重新考察庇古税和科斯定理作用的约束条件。秦荣(2012)总结了几种常用的环境污染外部性内部化的方法,包括政府直接管制、征收污染税以及排污权交易等。

1.1.3　经济效率理论

1)效率的内涵

经济学意义上的经济效率指的是资源配置效率,它是微观经济学研究的核心,分为个体消费者(或生产者)经济效率和社会的经济效率。而个体消费者(或生产者)的经济效率并不同于社会的经济效率,个体消费者(或生产者)的经济效率是指在给定资源条件下使得消费效用改进最大化或者利润最大化,或者指获得一定的消费和产量使其资源消耗减少到最小限度,这两种情况都可以说具有高经济效率。对于社会的经济效率,如果在一定时间内,产生了最大的社会经济福利,使社会资源达到最优配置,那么整个社会经济系统是高经济效率的。最大社会经济福利显然是社会追求的最高的经济目标,指社会在已知的资源基础、生产技术以及社会成员的嗜好和偏爱等条件下所能达到的最富裕的状况。经济效率与一定的社会经济制度和市场结构有关,一般认为自由竞争的社会经济制度能实现较高的经济效率,而计划经济或垄断竞争市场却不能实现较高的经济效率。

2) 帕累托效率

帕累托效率,又称为帕累托最优,是由意大利经济学家维弗雷多·帕累托(Vilfredo Pareto)提出来的一种经济状态,是指具有以下性质的资源配置状态,即任何形式的资源重新配置,都不可能使至少有一人受益而又不使其他任何人受到损害。帕累托状态下的任何更能有效地再配置资源和分配商品的自愿交易不可能再发生,同时也不存在再提高经济系统效率的任何可能性。帕累托效率一旦达到,任何人再得到好处,都将引起他人的损失。人们通常也把能使至少一人的境况变好而没有人的境况变坏的资源重新配置称为帕累托改进,所以帕累托最优状态也就是已不再存在帕累托改进的资源配置状态。帕累托状态是一种理想的状态,满足该状态就是高效率的,反之就是低效率的。由帕累托效率的定义及推导明确表明帕累托效率不是唯一的,因为效用边界线上的所有点都处于帕累托效率状态,即有无穷个帕累托最优解,通过引入 SWF(社会福利函数),社会福利函数形成的社会无差异曲线与帕累托效用边界线相切形成的切点才是全部帕累托效率点中最优的。

帕累托效率推导模型有以下一些前提条件:①生产技术在分析期内不变。②生产所用的资源和生产出的产品的货币单位是可比的。③个人偏好在分析期内不变。④每一种资源投入在每一种商品生产中的边际生产率为正,但却是递减的。因此全部等产量线和全部无差异曲线都凸向原点。其中第四个前提条件使得在资源空间的所有等产量线和商品空间的所有无差异曲线一定是非凹的,这样进一步保证了商品空间的高效率的生产可能性线和效用空间的效用可能性线凸向原点,最终的效用边界线才能凸向原点。这些前提条件是实现帕累托效率的充分条件。

帕累托效率的 3 个必要条件为:①高效率的资源配置。对于使用资源生产商品的全部厂商来说,资源的 MRTS(边际技术替代率)应该是相等的,并且等于资源的价格之比。②高效率的消费。对于每一个消费者来说,任何两种商品的 MRS(边际商品替代率)相等,且等于商品的价格之比。③对于消费者,任何两种商品的 MRS(边际商品替代率)等于生产这两种商品的 MRT(边际转换率),且等于商品价格之比。

3) 补偿原则和次优理论

按照帕累托准则,某一个政策实施后,如果没有人因此而处境变坏,但同时至少有一个人因此而处境变好,则这样的政策就符合帕累托效率。但是,由于公共政策在大多数情况下往往会使一些人因政策的实施处境变坏,所以帕累托效率对公共政策的制定就失去了实际的指导意义。为了解决帕累托准则在实际中的失效问题,经济学家提出了补偿原则,即如果一项新政策实施后带来的收入的增加不仅能对受害人进行补偿,而且补偿后还有剩余,那么由旧政策向新政策的改进就是一种潜在的帕累托改进。补偿原则的实质是总收入大于总成本,补偿原则不讨论补偿是否实际进行及如何分配费用及效益问题。

现实中的政策改进在效率方面存在很多问题,即经济学家所谓的"次优问题"或"次优理论","次优理论"描述为:当一个经济系统中的某一部分未能最有效地发挥作用时,对于经济系统中的任何其余部分的最优工作方式也将不是当所有部分都处于最优状态时那样的方式。也就是说,在某一状态下,如果一个经济系统中的一部分按整个系统最优的条件运行,而另一部分由于某种原因未能按整个系统处于最优时的条件运行,经济系统肯定是低效率的。那么,改进了未能按整个系统处于最优时的条件运行的那部分,整个系统依然不是最优,因为按整个系统最优条件运行的那部分在另一状态下不一定是最优的。因此,这时要想从一个非帕累托效率状态回到帕累托效率状态,就不能简单地从充要条件着手,而要政策制定者进行系统、全面的重新设计。低效率和次优问题没有必然联系,低效率的投入及其改进不是次优问题,但外部性问题带来的低效率就是一个次优问题。

1.2　排污监管方法

1.2.1　环境规制的定义

对于环境规制的含义,学术界的认识经历了一个过程。起初,人们认为,环境规制是政府以非市场途径对环境资源利用的直接干预,内容包括禁令、非市场转让性的许可证制等。典型特征为环境标准的制定及执行均由政府行政当局一手操办,市场和企业作为被规制的对象,只有执行的义务。后来,人们发现排污税、补贴、押金—退款、经济刺激手段等都具有环境规制的功能,但按上述的定义,却不属于环境规制的范畴。于是,人们对环境规制的含义进行修正,概括为政府对环境资源利用直接和间接的干预,外延上除行政法规外,还包括经济手段和利用市场机制政策等。这次修正,在环境规制的手段上有了突破。但是,这还不完全,如环保主义者对环境保护的推动、行业协会或企业的自愿性规制等使规制主体已经不再局限于政府,因此,在环境规制的定义上,又扩充了规制主体的范畴。

　　赵玉民等(2009)认为,环境规制是以环境保护为目的、个体或组织为对象、有形制度或无形意识为存在形式的一种约束性力量。该定义考虑了环境规制的目的、规制的主体以及规制手段等几个方面。闫杰(2008)则认为,环境规制是社会规制的一项重要内容,是指由于环境资源具有公共财产属性,环境污染具有外部不经济性,政府或者其办事机构依据有关法律法规,以保证基本的环境质量和公众健康等公共利益为主要目标,通过制定相应政策与措施对市场主体的经济活动和行为进行控制和干预,以使环境污染的外部性内部化,使环境污染始终处于环境容量可容纳的范围之内。该定义也考虑了环境规制的目的、规制的主体和规制的手段几个方面,同时,从环境污染外部不经济性的角度,给出了环境规制的原因。但是,该定义将规制的主体限制于政府,规制的手段限制于政策措施的直接干预,虽然与目前环境规制的主要力量和手段相符,但是相对赵玉民等(2009)的定义还存在一定的局限性。

　　在环境规制的分类上,目前学术界主要有以下 3 种分类方式(赵玉民等,2009)。

　　①张嫚(2005)提出将环境规制分为正式环境规制和非正式环境

规制,根据对经济主体排污行为约束方式的不同,正式环境规制又分为命令控制型环境规制和以市场为基础的激励性环境规制。

②彭海珍等(2003)提出,从政府行为的角度,将环境规制分为命令控制型、经济激励型和商业—政府合作型。

③张弛(2005)提出,基于适用范围的不同,将环境规制分为出口国环境规制、进口国环境规制和多变环境规制。

根据管制执行的严格程度,将环境政策分为障碍式管制和合作式管制。

直接对环境政策分类:命令控制型、市场激励型、强制信息披露、自愿规范、商业—政府伙伴关系。

赵玉民(2009)基于对以上分类方式的分析,提出将环境规制分为显性环境规制和隐性环境规制。显性环境规制是指以环保为目标、个人和组织为规制对象,各种有形的法律、规定、协议等为存在形式的一种约束性力量,包括命令控制型环境规制、激励型环境规制和自愿型环境规制。而隐性环境规制是存在于个体的、无形的环保思想、环保观念、环保意识、环保态度和环保认知等。

郭庆(2009)通过对世界各国环境规制的演进分析,根据规制手段出现的先后顺序,将环境规制分为命令控制型、经济激励型和信息披露型几个阶段。

无论采取哪种分类方式,从环境规制的现状来看,命令控制型仍然是世界上主要的环境规制政策,从发展趋势来看,充分利用市场机制和发挥相关利益集团的作用将得到更大范围的应用。因此,本书着重讨论命令控制型和经济激励型(或称为基于市场的环境规制手段)两大类规制手段。

1.2.2　命令控制型环境规制

命令控制型环境规制是指立法或行政部门制定的、旨在直接影响排污者作出利于环保选择的法律、法规、政策和制度安排。属于该类型的规制包括为企业确立的必须遵守的环保标准和规范、规定企业必须采用的技术等。命令控制型环境规制一般要求排污者采用特定的清洁技术,或通过分区域、分时段等条件来规制企业的排污行为。例如,某市为了实现"蓝天"的年度目标,在年底直接要求污染企业减少废气排放量,企业只有采取降低产量甚至直接停产来达到规制要求。虽然短期内实现了环境保护的目标,但却是治标不治本,而且损害了企业的经济利益。但是,命令控制的规制方式之所以被广泛采用,主要原因在于技术标准、限制和分区等机制所固有的简便性、规制结果的可测量和显著性以及政府或主管部门政策决策的短期性。从某种程度上来说,这类规制机制可能比较符合规制者和排污者双方的利益。

根据设置标准的依据不同,命令与控制政策主要包括两类政策工具:技术标准和绩效标准。技术标准主要是对企业治理污染或生产采用的技术作出详细规定。在运用技术标准进行规制时,通常先由规制机构根据治理污染的成本和收益确定能使社会福利最大化的排污量或治污量,然后选择能实现治污目标的技术,制定详细的技术标准要求企业执行。技术标准既可能是生产技术标准,也可能是治污技术标准。虽然从理论上可以找到最优的技术标准,但是由于规制机构通常并不了解治污的成本和收益,也不一定熟悉每一种治污技术,而且从行政管理上考虑,为每一个企业选择一种最优技术也是

19

不现实的,因此在实际规制中通常要求所有企业采用统一的"最适用的技术"或"最可行的技术"。

绩效标准是对污染企业的产量、排污量或排污强度实行限制,标准制定同样以治污边际成本等于治污边际收益为依据,但其不对企业所采用的技术加以限制,从而使企业在治理污染时具有一定的灵活性。绩效标准通常是按行业制定的而不是按企业制定的,这意味着不同治污成本的企业要执行相同的治污标准,而且在排污强度标准下排污总量往往难以控制。与技术标准相比,绩效标准由于降低了技术转换成本,因而效率较高,不过绩效标准的监督成本相对较高,需要规制机构长期搜集企业排污信息,并据此对违规企业作出处罚(郭庆,2009)。

一般来说,规制者希望有一个统一的、容易监督的末端技术,然而,这种倾向下的减污与排污水平通常不会是最优的。因为不同的排污者有不同的排污函数,这样,相同水平的减污一般不会产生相同排污率的结果,不同企业的边际减污成本一般也不会相等。如果不同排污者的边际减污成本不相同,那么把部分减污努力转移到那些边际减污成本较低的排污者身上就可以节省规制成本,这就是一个帕累托的改进。命令控制型规制对政府监管也有较高的要求,执行成本较高。对企业来说,过于刚性和一刀切的做法,可能会损害企业的效率,抑制企业技术创新的积极性。

但是,强制性技术规制也并不总是不合适的。在一些监督难度大且污染后果极为严重的情形下,强制性技术规制有其明显的优势。例如,以下准则可能会促使对强制性技术规制的应用:①技术与生态信息是复杂的;②关键知识只有在权威的中央层面才能得到,而在排污者层面却得不到;③排污者对价格信号反应迟钝,而污染会产生长期的不可逆转的影响;④技术标准化具有成本节省等多方面的优点;⑤可行的替代性技术种类有限;⑥对排污很难进行监督,但对技术进行监督却很容易。在现实生活中,这些条件不会同时出现。但在很多情况下,其中一些条件是非常重要的。这就是为什么强制性技术规制仍然被频繁使用的原因。一个重要的例子是对核电站的特定指令技术规制。核电站一旦发生事故,损失将非常惨重,因此,目标就是零事故。对核电站的规制不仅要限定其最大排污水平,而且还要提出更具体和更特别的技术要求。对核电站的规制,准则①、②、③、⑥,以及社会承担污染损害的大部分风险这一事实,应被考虑到。核事故后的清理工作通常是由电力公司之外的政府来承担。被完全禁止的技术实例是对某些化学品、燃料或能源技术的禁令(马士国,2007)。

1.2.3　经济激励型环境规制

从前面的分析可知,命令控制型的规制有 3 个明显的缺陷:一是政府规制成本较高;二是导致被规制企业的效率低;三是规制在短期内有效,长期内效率低下。理论研究表明,经济激励型环境规制却能够在一定程度上克服这些弊端,恰当的经济激励型环境规制工具能以最低的成本实现期望水平的排污量。Baumol 和 Oates(1988)指出,经济激励型环境规制工具就是力图使各个排污者的边际排污成本相等。Atkinson 和 Lewis(1974)、Seskin 等人(1983)、McGartland(1984)、Tietenberg(2001)等发表的实证研究文献将经济激励型环境规制工具与命令控制型环境规制工具进行比较发现,若要达到相同的环境质量标准,采用命令控制型环境规制工具所需要的成本是经济激励型环境规制工具的几倍甚至几十倍。而这种差距来源于经济激励型环境规制工具恰当地利用了排污者在降低排污成本上的差异而引起的排污者降低排放努力程度有效配置的结果。在信息不对称的现实世界中,采用命令控制型环境规制成本高的原因之一就是政府无法掌握排污者所有的信息,而经济激励型环境规制工具能够促使排污者根据自身的效用函数(或利润函数)确定自身的减排努力程度,使规制者避免了处理庞大信息的问题。从长远的角度来看,只要新技术的利用成本小于新技术产生的收益,此时经济激励型环境规制就能够激励排污者开发利用新的降低污染的技术。因此,可以说经济激励型环境规制能够促进环境保护技术的进步。Magat(1978)、Malueg(1989)、Milliman 和 Prince(1989)等的研究也发现,相比于规制机构规定一个统一的排放标准,市场化环境规制工具能提供强烈的刺激,让排污者去发明或采用更为经济和成熟的污染控制技术。

经济激励型环境规制的基本类型有以下几类:

(1)征收排污费

排污费是指向环境排放污染物或超过规定的标准排放污染物的排污者,依照国家法律和有关规定按标准缴纳的费用,缴纳的排污费用于环境综合治理(孙丽芬,2009)。经济学家经常把排污收费看作环境规制机制中最有用的一种,并倾向于把它作为其他机制的参考。这里需要特别指出排污费和排污税的区别和联系。排污税是为了保护生态环境,筹集生态环境保护资金而对特定的自然人和法人所征收的一类税,具有一定的目的性和工具性。排污税和排污费在征收目的、征收依据以及使用上存在差异,但巫肖芬(2007)认为由于排污费具有税收的强制性、固定性和无偿性的特征,是一种准排污税。学术界在研究环境规制时,未对两个概念进行严格区分,一般都是不加区分地交叉使用,有的则直接采用"排污税费"的概念,均是指对污染者排污行为征收的费用。

通常排污费的征收依据是根据排污量来计算的,因此,排污者的理性选择是将污染削减到边际减污成本等于排污费率这一水平上。因此,各个排污者的污染控制程度就存在差异,减污成本高的排污者削减较少的污染量,而减污成本低的排污者将大规模削减污染。但是,排污费的一个难点是制订合理的费率,排污费设定的理论依据是排污费率恰好等于边际减污的收益。但是,现实中很难度量边际减污收益,这就构成了设计最优排污费率的最大障碍。为了应对这个障碍,黄有光(2004)提出用边际减污成本替代变价减污收益的次优方案。在这个次优方案下,排污费必须高于边际减污成本,否则,排污者宁愿承担排污费而不会去降低污染排放。这样,排污者因缴纳了规制者所要求的排污费而使排污行为正当化,实际起到了环境保护的反向激励作用,可能使排污量比没有征收排污费时还要大。

(2)排污权交易①

排污权交易是指在市场机制下进行产权交易的环境保护政策,也就是利用市场机制来治理环境的污染。Crocke(1966)和 Dale(1968)各自独立地提出了排污权交易可以像排污收费一样以最低的成本在排污者之间进行减污努力的有效配置。Montgomery(1972)对可交易排污许可工具的有效性给予了理论上的严格证明。此后,出现了不少关于可交易排污许可工具的研究文献。Tietenberg(1980;

①　本部分参考了俊燕(2009)《中国环境规制机制研究——以排污权交易为例》的部分内容。

1985)、Hahn 和 Nol(1982)对此作了早期的文献评述。关于可交易排污许可工具的研究文献,理论上可溯源至科斯(1960)的协商解决外部性问题的思想。

排污权交易也是国内学术界研究环境规制的一个热点,如陈金山等(2009)结合我国实施排污权交易制度面临的若干问题,分析了工业园区进行排污权交易的优势,提出了园区排污权交易的构建模式。李寿德(2009)把厂商的污染治理投资区分为概念性污染治理投资和操作性污染治理投资,并以概念性污染治理投资率、操作性污染治理投资率和排污权交易量为决策变量,以厂商的累积污染削减量、排污权存储量和排污率为状态变量,以计划期内的总污染治理成本为目标函数,建立了一个跨期间排污权交易条件下的厂商污染治理投资动态控制模型。分析了概念性污染治理投资、操作性污染治理投资和排污权交易量对厂商累积污染削减量、排污权存储量和排污率的动态影响,给出了动态最优的概念性污染治理投资策略、操作性污染治理投资策略和最优的排污权交易量策略。孙卫等(2008)根据交易比率系统(TRS)模型,引入污水处理厂和基于排污总量控制的区域负荷标准两个制度变量,建立了新的成本有效流域排污权交易系统模型,并进行了仿真。结果表明,新模型使排污交易系统总削污成本明显低于 TRS 模型总削污成本,而且,随着区域负荷标准的下降,每个排污源的削污量逐渐增加,委托污水处理厂的处理量逐渐上升,排污权的交易量逐渐减少,流域总的排污量逐渐下降。

在排污权交易体制下,环境保护部门要根据各区域环境质量目标,通过建立合法的排污权,有效地运用市场机制和各种市场分配方式来使排污企业尽量达到排污权所要求的标准排污值,促使排污企业通过减少排污量来加强本区域环境的治理,所以它是一种积极有效的环境保护政策。排污权交易制度的主要特点是要建立合法、有效的产权,通常情况下要以排污许可证的形式来表示污染物排放量,并使这种排污权可以在市场上自由地交换,进而达到治理污染物排放的目的。该制度的优势主要表现在:首先,排污权的拍卖不但能达到治理环境的目的,而且可以增加环保部门的财政收入,有利于可持续发展;其次,相对于排污收费而言,排污权可以减少许多不合理的税收,降低不必要的损失,大大促进社会福利的提高,而且拍卖能激励各个排污企业大力去改善自身的治理结构、提高技术创新能力,以达到降低污染率增强自身的市场竞争力的目的。最后,采用排污权拍卖的方式可以体现公平、公正的原则,可以减少因为政府对排污权的免费分配所产生的各大企业间的摩擦与争执,提高企业争相去降低排污率的主动性和积极性,企业由最初的被动治理到现在的主动治理,对于实现环境的保护与经济的发展将会产生重大的作用。

25

　　排污权交易活动的实质可以归结为以下几点。首先,排污权是企业被允许向环境中排放污染物的一种资格,环境也是一种资源,环境容量是资源的具体表现。而企业向环境中排放污染物实际上就是占用环境资源的一种行为,在排污权交易的过程中环境资源是被交易的对象,交易使环境资源商品化,交易的最终结果也将会使全社会的环境资源得到最优化的配置,所以排污权交易是环境资源商品化的体现。其次,排污权交易制度是环境管理部门向排放污染物的企业发放排污许可证,使各个企业在规章制度的约束下从事排污交易的活动,对于不拥有排污许可证的要按制度规定不允许排污,而拥有许可证的不得违反规定排放污染物,对违规者要给予严厉的惩罚。再次,对于环境总量的控制,排污权交易是一种有效的措施。由于每个地区的环境污染状况是不一样的,所以政府部门会根据各地方的污染程度去制定限量排污的措施,并严格要求企业的排污量不能超过要求的总量,只有实施排污权交易才能达到环境质量标准。

一个完整的排污权交易制度主要包括七大构成要素:①排污的总量目标控制;②制定污染物排放标准,发放排污许可证;③多种分配机制参与治理;④运用市场机制进行运作;⑤严格地实施政策标准和监督企业是否有违规行为;⑥排污权交易的分配与所涉及的相关政治问题;⑦该制度与现行法律制度的整合情况分析。要有效地去设计排污权交易制度则需要考虑一些重要的决策变量及其构成,这些变量主要包括:①排污权交易制度的基本特征和实质性目标,如排污权交易的主要内容、排污治理的参与者、排污的法律制度规定和依据、排污权在市场上交易时的信息成本和交易条件等;②如何让对排污权进行定价拍卖或分配,从而建立起完善的排污权交易市场;③采用何种方式来进行排污权交易,是采用让各个企业在内部自行交易的方式,还是通过中介机构或环境管理部门去协调所有企业的排污权交易;④建立完善的绩效监测系统,激励企业按要求排污,不超标排污,对违规者给予警告或严重的处罚;⑤排污权交易制度如何与国内的环保政策及法律规章制度很好地协调,以更好地提高运作效率。因此各个环境治理机构通过深入的研讨,建立合理而有效的排污权交易制度是至关重要的。

排污权交易降低了排污者遵守规则的成本。如果排污者发现购买额外排污权的成本低于自行减污的成本,排污者就会从市场上购买额外排污权,以节省减污成本;相应地,如果排污者发现自行减污的成本低于排污许可的价格,排污者就会自愿地多承担一些减污任务,将剩余的许可出售,从中获利。这样的交易不仅使排污者受益——降低其守法成本,而且还降低了社会达到既定环境目标所需要的总成本。这一点是可以实现的,因为交易重新分配了减污任务,使得那些能够最廉价地进行减污的企业承担更多的减污任务。然而,应指出的是,一个可行的排污权交易工具,要求能对超过许可的排污实施惩罚。因此,这样的一种制度暗含着应该对那些超许可排污的厂商征收(非常高的)排污税。在这样的制度下,超许可排污的惩罚高出许可价格的许多倍。对于可交易排污许可工具可能会产生地区性的"热点"问题,一些可相互替代的解决工具被提了出来(Atkinson 和 Tietenberg,1982;McGartland,1988;Baumol 和 Oates,1988;Foster 和 Hahn,1995),这些工具包括分区交易、周边许可交易,以及污染补偿系统。在分区交易工具下,只有同一指定区域内的排污者之间才能交易许可;在周边许可交易工具下,交易条件取决于监测点排放的相对效应;在污染补偿工具下,交易必须符合在区域内的任何一点都不能违反现行标准的条件。Mendelsohn(1986)的研究表明,对于某些污染物,如果没有将空间差异纳入工具设计中的话,将会使基于市场的环境规制工具失去成本节省方面的大部分优势(马士国,2009)。

(3)财政补贴

除了排污收费和可交易排污许可,作为第三种主要规制工具的补贴也经常被提及。补贴是各种财政补助形式的总称,一般是指对执行环境标准中面临困难的企业进行的财政鼓励,或对有正外部性效应的生产企业给予一定的财政补助。补贴是一种对直接(部分的)减污成本的偿还或者是对每单位排污减少的支付(后者的补贴常常被认为是一种消极的税收)。补贴可以理解为政府为购买有关环境物品和劳务或减少公害品的产生而向企业支付的价格,即相当于企业拥有环境资源财产权,而排污收费则是政府拥有资源财产权(李红丽,2008)。实践中,补贴的形式主要有补助金、长期低息贷款、税收减免等。

在 20 世纪 60 年代之前,学术界认为补贴与排污收费对排污者所产生的激励相同,也就是这两类规制工具是等价的:规制者可利用"大棒",也可利用"胡萝卜"来对减污努力进行合意的激励。但是,Kamien 等人(1966)、Bramhall 和 Mills(1966)、Kneese 和 Bower(1968)的研究表明排污费和补贴两种规制工具实际上不是等价的,其存在着明显的不对称性,尤其是两者对排污者利润率具有相反的作用。补贴增加了企业的利润,而排污税减少了企业的利润。此外,它们对厂商的长期决策、进入—退出决策等,也具有不同的含义。补贴将延迟厂商的退出,或导致更多的厂商进入和更高的产业产出,而排污费将使产业的供给曲线左移,导致产业规模收缩。合理的补贴,如帮助修建污水处理厂等基础设施,向采取污染防治措施或推广清洁生产的企业提供贴息贷款等,是鼓励当事人防治污染和环境达标的重要途径。在现实中,不恰当的补贴可能会促进不经济的和对环境有破坏作用的行为。一些非环保领域的补贴其实是在鼓励高环境代价发展和不良的增长。针对这种情况,必须减少和终止那些有明显环境费用,或者鼓励超出自由市场水平的资源耗竭和环境退化的消极补贴激励政策,即使是合理的和必要的补贴,也应该注意不要影响经济手段的作用效果。

正因为以上原因,补贴作为一种环境规制手段还存在很大的争议。Baumol 和 Oates(1988)、Kohn(1985)、Mestelman(1982)的研究指出,补贴在限制企业排放上越成功,它刺激的行业排放量就越多。Binswanger(1991)、Bluffstone 和 Larson(1997)的研究就指出,补贴是如此普遍,以至于"削减补贴"经常被归类为一种环境规制工具。

尽管理论研究认为补贴在控制污染方面存在诸多缺陷,但是在环境规制实践中补贴仍有适用领域。对于清除历史积存的污染或提供具有公共产品性质的研发而言,补贴的作用一般无法由其他政策工具代替,在有其他政策配合的情况下补贴还能对治污投资产生激励作用。在环境规制中与补贴相关的是取消补贴。在许多国家,环境破坏往往与不恰当的补贴有关,最常见的是对能源和原材料的补贴,这种补贴使能源和原材料价格过低,导致对能源和原材料的浪费性使用并由此产生严重的污染,因此要提高能源和资源的利用效率以降低污染,首要问题就是取消补贴以消除价格扭曲,这时消除补贴具有了环境规制政策的性质。

除以上 3 种基本的经济激励型规制外,还存在一些更为复杂的工具,其中很大一部分是多种工具的组合。马士国(2007)将这些工具归类为衍生性的市场化环境规制机制,主要包括以下几种。

(1)次优的投入税和产品税

如果规制者对排污者排污量的监督非常困难或者说监督成本很高时,一个次优的选择是将与污染物排放紧密相关的投入品或产出品数量作为监督对象,以此作为征税或收费的根据,这是因为投入品使用量或产出品数量相对更容易监测。由于在发展中国家和转型经济中,对每个排污者实施有效的监督几乎是不可能的,所以采用这种规制手段是一个很好的替代。而且,在这种规制手段下,排污者如果能证明其自身确实采用了清洁生产技术或从事了污染削减活动,就可以获得税收豁免或退款,但举证任务却从规制者转移到了排污者。这一特性使得假定税对环境规制经验和公共资金严重不足的发展中国家来说，是有效规制环境的极为重要的可行机制。

（2）押金—返还机制

押金—返还机制是一种组合机制，它包括了对出售商品时的收费和对退还使用后的商品的补贴。押金—返还机制可以被归类为税收开支或者对不恰当处置的假定税收。那些不退还使用后商品的排污者支付排污费，而那些退还使用后商品的当事人得到退款，因而那些退还使用后商品的当事人没有支付排污费。押金—返还机制适用于减污量与产出量等同时的情形。

押金—返还机制最显著的特征就是，它有一个灵敏的显示机制：当潜在的排污者通过退还带有押金的物品显示没有排污，押金将被退还，从而使得对不合法处理的监测变得没有必要。自我证明机制是信息不对称情况下规制机制设计的核心。当污染物有可能被不适当地处置并产生严重后果时，押金—返还机制最能发挥其优势。一般情形下，规制者在不同地点阻止非法倾倒污染物这一几乎无法实施的监督工作时，通过合理设计的押金—返还机制，可转换为消费者的自愿收集并退还的自愿实施行动。

近来对押金—返还机制的进一步研究认为，押金和返还金额不必相等。事实上，如果回收不完全的话，从总体上来说，该机制具有更强的激励效应。

（3）税收—补贴机制

尽管押金—返还机制一直被主要用于废弃物的管理和再利用，但这一机制的核心理念已被应用于别的两步（two-tiered）规制机制。当规制者很难收集到有关的污染排放信息时，克服信息不对称的有效做法是,由规制者设计合同或机制菜单,供潜在排污者自行选择(self-choice)。

一个特别有意义的双重规制机制是税收—补贴机制。这个机制通过一般收税与补贴的结合,鼓励有利于减排的行为。在这个机制中,规制者为排污者设定一排污量基准,当实际排污量超过基准排污量时,排污者需对超出的部分支付排污税,而当实际排污量低于基准排污量时,规制者则会对排污量"节约"的部分给予补贴。新进入者的基准排污量为零,因此必须为他们的每一单位排污支付排污税。因此,这种机制在实施上遇到的政治反对较少。这种机制有其吸引人的特性,一方面,它为排污者所得到的让渡的环境产权范围和基准排污量之间提供了一种清晰的联系;另一方面,它揭示了排污者应该支付多大的生态服务稀缺租金。

31

(4)排污费—返还机制

另外一种两步规制机制是 Sterner 和 Hoglund(2000)提出的排污费—返还机制(Refunded Emission Payments,REP)。排污费—返还机制的做法,是将征收的排污费再退还给同一个排污者群体,退还的金额与支付的排污费不成比例,而是与其他的测量值(如产量)成比例。这种机制还是以产量作为排污费返还的基础。

此外,学术界还提出了其他混合规制工具。如 Roberts 和 Spence(1979)提出的混合工具是为了更好地仿照非线性(递增)函数,如增长率随排污量的增加不断上升的环境损害函数,混合工具应包括排污权交易和单边支付(收费或补贴)。Collinge 和 Oates(1980)提出的混合工具是对于允许排污的排污权交易,规制者还应通过公开市场运作,对可交易排污权数量进行调整。Requate 和 Unold(2001)提出了多阶段排污收费和多种类型的排污权的混合工具。在多阶段排污收费下,对于不同的排污量区间征收不同水平的排污费;在多种类型的排污许可下,对于不同的排污量区间需持有不同类型的许可证,不同类型的许可证有不同的价格。这样的混合工具能够使规制政策对递增的环境损害成本作出适应性调整。

1.3 排污监管与经济发展关系

在现实世界中,环境与经济发展被看成一个矛盾的统一体,特别是自18世纪产业革命以来,世界上许多国家和地区在经济高速增长的同时,环境却严重恶化。20世纪70年代之后,在大多数发达国家中,环境规制的规模有了相当大程度的扩大,但是,环境规制支出的成本也同时不断增长。Grossman和Krueger(1991)提出的环境库兹涅茨曲线对人均收入与环境污染指标之间的演变进行模拟,以此说明经济发展对环境污染程度的影响,发现大多数国家经历了倒U形的环境库兹涅茨曲线过程,也就是说,在经济发展过程中,环境状况先是恶化而后得到逐步改善。鲍莫尔等(2003)的研究发现,由于环境污染的负外部性特征,经济主体以污染的方式加大了社会的外在成本,在没有"价格"为污染行为削减提供恰当的激励时,必然对环境容量形成过度需求。根据外部性理论,环境污染问题的解决,从根本上讲是成本与收益的比较,只有当从实施环境规制政策中获得的社会收益大于社会成本时,才意味着政府的规制政策是有效率的。环境规制在治理污染保护环境的同时,也必然会带来一定的经济负担,同时还可能会影响产出和生产率,所以环境规制的本质,就是在社会对环境保护的需要与经济负担之间进行权衡。有效的环境规制政策,应当在达到污染控制目标的同时,尽量减少对经济绩效的不利影响。因此,国内外很多研究者将目光放到环境规制与经济发展、经济绩效或企业竞争力的关系上。

根据赵红(2008)、张红凤(2007,2008)等多位学者的综合和分析,大都将环境规制与经济发展关系的文献分为 3 类,或者说是 3 种独立的观点:第一种观点认为环境规制必然影响经济增长,导致经济绩效和企业竞争力下降,该观点可称为制约观点;第二种观点认为环境规制通过促进技术创新而增加产业绩效,并推动经济增长,该观点可称为双赢观点;第三种观点认为环境规制对产业绩效的影响不确定,该观点可称为不确定观点。以下结合赵红(2008)、张红凤(2007,2008)等的分析,对这 3 类观点进行综述。

33

1.3.1　环境规制制约经济发展

制约观点认为,环境目标与企业或产业竞争力之间通常存在社会收益与私人成本的权衡,因而环境规制制约企业竞争力。从前文对环境外部性特征的分析也可以看出,环境规制的问题实际就是将外部成本内部化,也就是将社会成本企业化。这样,在技术资源条件不变的情况下,为实现环境规制的社会收益,将明显增加企业的成本,影响企业竞争力,从而影响企业绩效。Porter 和 Linde(1995)指出,环境规制的焦点问题就是如何平衡社会的环境保护意愿与企业的经济负担,这样,一方要求实施更严格的规制标准,另一方则试图降低规制标准。这也为制约观点提供了佐证。制约观点认为,环境规制对企业的制约体现在以下几个方面。

（1）收取排污费（污染治理费用）直接增加企业成本

环境规制从本质上看，就是通过政府干预的形式，将环境资源由公共品变成稀缺品，并通过恰当的定价方式，使环境资源具有经济物品的特征。企业的生产过程，就是对环境这种稀缺资源的消耗，在环境规制下，这种资源的消耗就增大了企业的生产成本，比如缴纳排污费等。这种成本与资本、劳动力和土地等共同构成了企业的生产成本。所以，环境政策的实施，必然使得在其他条件不变的情况下，生产等量产品的投入增大，从而导致生产率的降低。Christiansen 和 Haveman（1981）、Siegel 和 Johnson（1993）的研究还指出，在产品市场需求不变的情况下，生产成本的增加将导致供给曲线左移，从而导致新的需求下价格更高、产量更低，这必然导致企业利润的降低。

（2）减污技术的应用导致企业生产效率的下降

为了达到政府环境规制的要求，企业将改变生产过程以及生产工艺，这可能导致企业生产率的下降。Rhoades（1985）的研究指出，生产过程的改变可能导致生产效率的提高，但也可能在降低污染的同时降低生产效率，并且由于这种改变会增加企业面对的不确定性，从而妨碍企业开展技术创新活动，因而导致生产率的下降。

（3）因预算约束，企业污染治理的投资可能挤占其他营利性投资

要减少污染排放必然需要进行污染控制的投资，这样，在预算约束下，就相当于挤占了企业在其他生产性、营利性领域的投资，导致企业竞争力提升速度放缓，从而制约了经济发展。

许多实证研究主要都是围绕美国 20 世纪七八十年代出现的生产

率下降,是否与当时实施的环境规制政策有关(赵红,2008)。美国在
20 世纪 70 年代初 GDP 的增长率为 3.7%,而 1973—1985 年 GDP 增
长率下降了 1.2%,其间伴随着环境规制和石油价格上涨。人们认为
环境规制应当部分或全部对这一问题负责,因此,围绕环境规制对美
国经济增长和生产率的影响进行了一系列的实证研究。

Denison(1979)运用计量经济模型,验证了在 1972—1975 年,美
国非住宅商业部门生产率下降 16% 是由于美国职业安全与健康管理
局(OSHA)和环境保护局(EPA)的规制管理。

Christainsen 和 Haveman(1981)通过研究美国环境规制衡量标
准,发现在 1958—1977 年环境规制使美国制造部门劳动生产率的增
长速度下降 0.27%。

Gollop 和 Robert(1983)分析了 1973—1979 年美国二氧化硫排放
限制政策对电力行业生产率增长的影响。结果表明,实施环境规制
政策使得企业转用部分低硫煤进行生产,从而提高生产总成本,导致
电力产业年生产率增长下降 0.59%。

Rhoades(1985)指出强制性的污染控制迫使企业改变生产工艺和
技术,在市场竞争激烈时,将妨碍企业开展技术创新活动,最终导致
生产率下降。

Gray(1987)围绕美国 450 个制造业,实证分析了 1958—1980 年
环境和健康安全规制对生产率水平和增长率的影响,发现两种社会
规制导致产业生产率增长年平均降低 0.57%。

此外,Jorgenson 和 Wilcoxen(1990)通过比较有与没有环境规制
时美国经济增长的状况,对 1973—1985 年环境规制对经济增长的影
响进行了实证分析。结果表明,环境规制导致 GNP 水平下降 2.59%,
尤其在化工、石油、黑色金属以及纸浆和造纸产业,环境规制对经济

绩效的影响较大。Barbera 和 McConnell（1990）考察了环境规制对 1960—1980 年美国化工、钢铁、有色金属、非金属矿物制品以及造纸等产业经济绩效的影响，发现这些产业 10%～30%的生产率下降可归于污染治理投资。

上述实证研究结果表明，环境规制确实导致了产业绩效在一定程度上的下降，传统观点在一定程度上得到了证实。

1.3.2 环境规制与经济发展双赢

Porter 和 Linde（1991，1995）对环境规制会增加被规制产业的私人成本的观点提出了质疑，他们的研究指出恰当的设计环境规制政策可以刺激企业技术创新，从而提高产业绩效和国际竞争力，这一观点被称为双赢观点或"波特假说"（Porter hypothesis）。具体内容如下（赵红，2008）。

①合理设置的环境规制政策，能够激励企业进行技术创新，从而产生创新补偿作用。波特认为，传统观点是从静态的角度出发，假定技术、产品、生产过程和消费需求不变，企业已作出成本最小化的选择，因此，环境规制不可避免会提高生产成本，从而导致绩效下降。但是从动态观点看，由于企业并不总是能够作出最优的决策，所以合理设置的环境规制政策，能够通过为企业提供技术改进的信息以及进行创新的动力，使企业在面对较高的污染治理成本时，投资于创新活动以满足规制政策的要求，这称为环境规制的引致创新作用，从而产生创新补偿效应。

②创新补偿作用包括产品（创新）补偿和生产（创新）过程补偿。通过产品补偿增加产品价值或降低产品成本；通过过程补偿导致产

出增加或投入降低等。创新补偿效用应该超过环境规制成本,使产业达到经济绩效和环境绩效同时改进的"双赢"状态,并在国际市场上获得"先动优势",从而提高产业的国际竞争力。

③环境规制还能降低生产的"X"非效率,从而提高产业绩效。企业内部存在着许多低效率资源配置现象,环境因素的引入将迫使企业重新审视和调整内部的"组织"结构,重新进行内部资源配置,组织的改进能够提高生产效率,从而弥补环境成本提高的不利影响。

"波特假说"提出后,环境规制与技术创新、产业绩效和国际竞争力的关系,引起了研究者们极大的兴趣。一些研究者提出了理论模型以证明波特假说可能出现(张红凤等,2007)。

Kenndy(1994)研究了风险厌恶型经理的研发投资决策行为。因为研发项目的结果带来的效益是不确定的,管理者基于收益最大化的原则倾向于选择低研发投资。但环境规制通过影响花在研发上额外美元的边际价值使得经理的决策接近于最优。因此,环境规制导致预期成本降低。

Simpeon 和 Bradford(1996)证明政府可以通过实施严格的环境规制为国内产业构建一个战略优势。环境规制作为一种承诺工具来保证产业积极投资于研发,以降低边际成本。

Greaker(2003)也指出,如果环境规制把某些变动成本变为沉淀支出,会提高国内企业在国际市场中的竞争力。

Xepapadeas 和 Zeeuw(1999)使用经典资本模型检验了排污税对资本组成的效应。他们指出,在某些条件下,排污税会导致陈旧设施设备的淘汰,因此需提高平均生产率。然而,排污税会负面影响企业的利润。

Ambec 和 Barla(2002)运用委托代理理论分析了如何通过再协商

消除环境规制管理惰性。在该模型中,经理(代理人)拥有关于研发投资结果的私人信息。一个成功的研发项目意味着产生一个更高效率和更少污染的技术。为了让代理人在信息中获利,股东(委托人)必须在代理人报告信息时,支付一笔奖金(信息费用)的补偿机制。然而,这笔奖金对于委托人而言是成本,降低在研发中的投资激励,可以证明环境规制将降低信息费用,进而提高研发投资。

Morh(2001)指出,协调失败会阻止更清洁和更有生产率的引进。在他的模型中,新的技术生产率会随着产业积累经验而增加。因此,这项技术可能不会被采用,因为没有人愿意承受最初的学习成本。但环境规制的强制采用技术将会为产业产生长期的私人利益。

Francisco 和 Paula 等(2009)提出了一个理论模型,来证明波特假说的正确性。在他们的模型中,厂商同时选择产品的环境质量(高污染和低污染),然后,两个企业再进行价格竞争。通过研究发现,两个企业都生产高环境质量产品的纳什均衡帕累托优于低环境质量产品的纳什均衡。然后,文章证明了如何对生产低环境质量的厂商引入惩罚机制来同时提高两个厂商的利润。

此外,许多学者从环境规制策略内化为企业战略角度阐释双赢假说。

Hart(1997)提出,多年来环境规制使工业化国家的许多企业在减少污染的同时提高了收益,但企业仍面临巨大挑战,故应将环保作为自己战略的组成部分,努力将产品和生产过程变得更清洁,企业的利润才能提高。

Berry 和 Rondinelli(1998)从先进企业由遵循环境规制策略到改变为积极应对环境规制策略角度入手,认为企业对环境规制反应经历 3 种模式:危机模式(20 世纪 60 年代至 20 世纪 70 年代),环境发生危机时的处理及试图控制结果的损失;成本模式(20 世纪 80 年代),致力于遵循快速改变的政府环保法规和降低环境冲击的承诺;永续企业模式(20 世纪 90 年代),通过企业预期其开始营运的环境冲击,事先采取对策来减少废弃物和污染,以及寻求积极的方法,通过全面环境质量管理,如废弃物减量与预防、需求端的管理、产品管理和全成本(环境)会计等来取得产业机会的优势。其中,第三种模式可以更好地保证双赢的实现。

胡振华(2003)指出,环境成本内在化战略是适应环境现状的要求,也是适应企业责任向社会责任扩展化的要求。从社会公众方面来看,若某企业能比其他企业更好地承担社会责任,则公众对该企业品牌的产品就比较信赖,喜欢购买,企业竞争力也在无形之中得到提高。

实证研究主要从两个方向上进行:一个是考察环境规制政策能否促进产业技术创新;另一个是考察环境规制政策是否能提高产业绩效,提升产业竞争力。

①环境规制对技术创新影响的实证研究。

Lanjouw 和 Mody(1996)使用美国、日本和德国 20 世纪七八十年代环境专利数量和污染治理支出等数据,考察了环境技术的发明、扩散与环境规制的关系。实证结果显示,环境专利数量与污染治理支出间存在正相关关系,随着治理支出的增加,环境专利数量也相应增加,但是技术创新对环境规制的反应有 1~2 年的滞后期。

Jaffe 和 Palmer(1997)使用美国制造业 1975—1991 年的有关数据,对环境规制与产业技术创新之间的关系进行了实证研究。作者使用污染治理成本作为环境规制强度的衡量指标,使用 R&D 支出和成功的专利申请数量作为技术创新的衡量指标,结果显示,R&D 支出与滞后的污染治理成本间存在显著的正相关关系,治理成本每增加1%,R&D 支出增加 0.15%。但是没有发现专利申请数量与污染治理成本间存在显著的正相关关系。

Slater 和 Angel(2000)认为,那些采用环保技术的企业相对于那些仍采用传统落后技术的企业来说,可以获得包括创新优势、效率优势、先动优势和整合优势等一系列竞争优势。

英国产业联合会(2004)认为环境规制若合理执行,会刺激企业创新,以合理的成本获得环境方面的经济利益。这样,经济增长将与环境发展相协调。

Brunnermeier 和 Cohen(2003)运用美国 146 个制造业 1983—1992 年的面板数据,实证分析了环境规制与产业技术创新之间的关系。作者使用污染治理成本和政府的检查、监督活动作为环境规制强度的衡量指标,使用成功的环境专利申请数量作为技术创新的衡量指标。结果显示,污染治理成本的增加与环境专利间存在较小但统计显著的正相关关系,污染治理成本每增加 100 万美元,环境专利增加0.04%。但没有发现政府的监督、检查活动对技术创新有显著的影响。

Warhurst(2005)指出,环境规制需要企业通过创新来提高资源的生产率,创新是维持企业竞争力和社会可持续发展的关键,创新会将规制成本降低到比预计成本低的水平上,而环境规制中的 REARC 方法对于创新具有积极作用。

上述实证分析表明,在一定条件下,环境规制对产业技术创新确实有一定的激励作用,技术创新会随着环境规制强度的提高而增加。

②有关环境规制对产业绩效影响的实证研究。

Berman 和 Bui(2001)考察了空气质量规制对美国洛杉矶地区石

油冶炼业生产率的影响。通过与其他没有受到环境规制地区石油冶炼企业的比较发现,受规制企业全要素生产率在 1982—1992 年有较大的提高,而同期没有受规制企业的生产率是下降的,表明环境规制对生产率有正的影响。

Domazlicky 和 Weber(2004)使用美国 1988—1993 年化工产业有关污染治理运行成本和生产率等数据,实证分析了环境规制对该产业生产率增长的影响。结果显示,在环境规制下 6 个化工产业每年的生产率增长在 2.4%~6.9%,没有证据表明环境规制必然导致产业生产率增长的下降。

张友国(2004)通过拓展 Alfred 建立的一个排污费分析模型,并将其纳入一般均衡的框架内,以 1997 年中国 40 个行业的投入产出表为基础,分析了排污收费政策对行业产出的影响,发现排污收费政策不会对各行业产出造成显著影响。

41

上述实证分析表明,环境规制并不一定导致绩效的下降,在一定的条件下也可能成为提高绩效的诱因。Runar 和 Tommy(2009)对波特假说相关的理论和实证文献进行了全面综述。他们得出了 3 个结论:a.波特效应的出现依赖于环境和机制;b.一般环境下可能不会实现波特假说,但在特殊环境下,波特假说可能出现;c.实证研究对波特假说的支持是不一致的。该综述使我们认识到,波特假说之所以成立,可能源于某些"偶然"的因素。因此,更多的研究者开始关注不确定的观点。

1.3.3 环境规制经济发展关系不确定

（1）对波特双赢假说的质疑

自 1991 年 Porter 提出"双赢"假说以来，许多学者对其进行质疑，为环境规制与企业竞争力相关性的不确定性假说的形成奠定了理论基础。

对波特假说的两种主要批评如下：

①假说是建立在企业总体上忽视盈利机会的基础上的。换句话说，为什么企业需要规制才能采取利润增长的创新？实际上，波特和林德直接批驳企业总是追求利润最大化的观点："规制引发创新是可能的，因为过于乐观者所奉行的企业总是做最优化选择的信条与现实不符。"

②即使存在未被发现的系统利润商业机会，那么环境规制如何把它们变成现实。波特和林德认为，环境规制能帮助企业识别成本高的资源是否在无效率地使用。它们或许会传播新的信息（例如最好的实践技术），能战胜组织的惰性。

质疑波特观点的研究主要有：

Fischer 和 Schot（1993）通过分析双赢观点产生的历史背景后指出其局限性。他们将企业环境管理分为两个阶段：抵制性的遵守阶段（1970—1985 年）和不必创新即可解决环境问题的阶段（1985—1990 年）。他们指出，发达市场经济国家的实践表明，在第一阶段大量引入环境规制会增加企业的生产成本，企业通常以不合作的态度来抵制规制；而在第二阶段，激励性环境规制得到运用与加强，企业的环境管理具有更大的自由度,环境管理成为企业战略的一部分。第一阶段企业抵制性的遵守规制为第二阶段实现环境改进留下较大空间,而 Porter 假说正是基于第二阶段企业的实践。当环境改进潜力被充分挖掘之后,环境规制为企业带来的收益机会将是很小的。

Walley 和 Whitehead(1994)则质疑,若存在双赢机会,为何逐利企业不自发行动,而需政府规制来促进? 由此认为双赢机会已经耗竭。他同时指出,虽然规制促进创新,但是企业为了减少污染的投资需要从其他有前景的项目中转移资金,这必然加重企业的营运成本,降低生产力的增长。对环境规制的遵从,将占用企业管理者更多的时间,而无暇顾及企业长远发展,并影响对企业竞争战略等方面的关注。他们还认为 Porter 的双赢论断是从一个国家如何通过严格的环境规制来取得竞争优势,而不是从一个独立企业通过环境规制来获得竞争优势。因此,既严格遵守环境规制,又能提高企业竞争力的想法难以实现。

Oates 等人(1995)认为,严格的环境规制不可避免地使企业状况变得不如规制前。在规制标准提高后,规制引致新技术采用所带来的收益不足以提高企业的利润,其创新补偿非常少,所以环境规制虽提高社会效益,成本却很高。

还有许多学者在实证检验的基础上,论证伪双赢假说。Jaffe 等(1995)就环境规制对美国制造业竞争力影响进行检验,结果表明环境规制给企业造成额外的成本负担:一是控制污染所花费的直接成本;二是被规制企业的某些生产要素的价格提高而造成的间接成本。同时,他们还证明环境规制引起资源生产率的降低。原因是为了满足环境规制要求而投入的财力、人力和技术资源不会产生直接的生产价值;环境规制引起的挤出效应(crowing-out effect)使得企业其他方面的投资减少;作为一般原则,规制在某些部门或企业容许豁免,这凸显了环境规制是对企业竞争力有害的事实;许多环境规制有专门的技术要求,这不利于技术创新。

Gray 和 Shadbegian(1995)对美国造纸业、炼油业和炼钢业三个产业的研究发现,反映规制严格程度的企业污染治理成本与生产率之间存在着负相关关系,提高环境绩效并未给企业带来足以弥补遵循成本的收益。满足环境规制要求花费的成本与企业的生产力水平与增长水平存在负相关性,而且受环境规制严格的企业的生产力和增长水平比受规制宽松的企业要低。对于美国的电力设施公司,Filbeck 和 Gorman(2004)实证检验了企业的环境和财务绩效,发现环境规制对于财务回报率有负面影响。

Ambec 和 Barla(2005)通过对波特假说相关研究的总结后的结论比较有代表性,他们总结后认为:第一,有较少、薄弱的证据表明环境规制刺激创新行为。需要有更多的研究为这个关系提供支持。第二,大多数证据认为环境规制对生产率增长有负面影响。对于污染密集型的产业来说,这种影响尤为明显。第三,许多证据表明价格优势存在于更多的环境友好型产品中。第四,很少证据表明环境规制对于投资有明显的负面影响以及可能增加资本的平均年限。第五,在财务绩效和环境绩效之间有一些混淆的证据。一些研究发现投资者对于意外的好的财务绩效表现态度是积极的。然而,这个结果是否支持波特假说并不是很明确。检验环境规制对财务绩效影响的研究产生了很多相反的结果。第六,最近的研究认为环境规制对于企业的位置有影响。

(2)不确定观点的提出

从 20 世纪 90 年代中后期开始,学者们试图更加全面、系统地分析环境规制对产业绩效的影响结果,并提出了综合观点认为环境规制对产业绩效的影响有多种效应,并且要受到产业的状况和特点、环境规制政策的质量等众多因素的影响,因此影响结果是不确定的,既可能是正的,也可能是负的。这主要是因为:

①环境规制对产业绩效的影响,既有增加成本负担的效应,也有通过创新获得收益的效应,最终影响结果取决于哪种效应程度更大,所以环境规制对产业绩效的影响结果是不确定的。

②环境规制对产业绩效的影响,部分是由产业目前的状况决定的,比如它的环境损害程度、创新补偿作用的大小、吸收成本增加的能力以及它的市场力量等,因此,环境规制对产业绩效的影响,根据产业的不同特点和市场结构的不同而不同(Jenkins,1998)。首先,由于不同产业的污染强度不同,污染治理成本也不同,从而规制对不同产业经济绩效的影响也必然存在差异;其次,技术创新会影响到成本降低的程度,比如采用清洁技术比末端处理技术更能降低成本;最后,市场力量也是重要的影响因素,企业在集中度较高的市场结构下比处于竞争的市场结构下,更能将成本增加转嫁给消费者。

③环境规制对产业绩效的影响,还要受到规制政策质量的影响,这不仅包括环境规制强度,还包括环境规制政策的形式(Square,2005)。由于不同环境规制政策工具的特点和功能不同,对生产成本的影响以及对技术创新的激励程度必然存在一定差异,因此在不同环境规制政策下,产业绩效也会存在很大差异。

(3)不确定观点的实证研究

不确定观点在实证上也得到了一些证据支持。

Conrad 和 Wastl(1995)考察了德国 1975—1991 年 10 个重污染产

45

业环境规制对生产率的影响,发现环境规制政策导致了一些产业生产率的降低,但是对有些产业影响很小。

Boyd 和 McClelland(1999)使用 1988—1992 年美国纸浆和造纸业有关数据,实证分析了环境规制对产业产出和生产率的影响。结果显示,既存在产出增加与污染降低同时存在的情况,也存在由于环境规制导致潜在产出损失的情况。

Lanoie,Patry 和 Lajeunesse(2001)使用 1985—1994 年加拿大魁北克地区 17 个制造业的数据研究发现,环境规制对产业生产率的即期影响为负,但长期(4 年后)的动态影响为正。

Alpay,Buccola 和 Kerkvlie(2002)使用利润函数考察了环境规制对美国和墨西哥食品加工业利润率和生产率的影响。发现在 1971—1994 年,环境规制对墨西哥食品加工业的利润率影响为负,但是对生产率的影响为正;环境规制对美国食品加工业的利润率影响不显著,对生产率有负的影响。

Jin Tao Xu(2003)使用中国福建和云南两省 1982—1994 年 34 个造纸企业有关排污收费、污染排放以及生产率等数据考察了环境规制政策对污染排放和生产率等的影响。结果显示,排污收费政策使得企业污染排放量大大降低,同时造成了小企业生产率的下降,但却导致大多数技术先进的大企业生产率的提高。

中国学者张嫚(2004)通过对环境规制与竞争力的非均衡性影响以及策略性的分析指出,影响环境规制与企业竞争力的因素存在不确定性,如市场需求的不确定性与企业间的差异性、排污企业与政府之间博弈的不确定性、创新形成的不确定性等,它们的存在导致环境规制与企业竞争力关系难以有明确结论。同时,环境规制时机选择的差异性,也会对企业竞争力产生不同影响,因而环境规制时机选择的不确定性,增加了企业决策的不确定性因素;环境规制对企业竞争力的影响依赖于规制实施时间能否与企业生产周期有机结合起来。

杨代友(2005)将企业的环境成本分为服从规制的环境成本和规制以外的环境成本,认为不同环境规制体制下,企业所承担的环境成本不同,进而影响企业的竞争力。他提出环境政策设计合理的标准是既不损害市场竞争,又能够激励企业把技术创新与环境保护结合起来。

王爱兰(2006)以 Porter 假说为基础,对分别影响企业"创新补偿"和"先动优势"的内外部因素进行深入剖析,最后得出结论——诸多因素对于不同企业的影响程度是不均衡的,所以 Porter 假说的有效性不能从整体上得到验证。由于企业自身和影响因素的变化,环境规制与竞争力的关系是动态变化的,不存在静态不变的正的或负的相关关系。

47

上述实证分析表明,环境规制既可能对产业绩效产生不利的影响,也可能对产业绩效产生有利的影响。

第 2 篇
我国中小企业环保规制现状

第 2 章　我国中小企业环保规制现状

2.1　中小企业概述

50

2.1.1　中小企业界定

（1）各国对中小企业的划分标准

中小企业是与大企业相对应的一个群体。但是，对于什么是中小企业，各国没有给出一个统一的、适合于所有行业中小企业的划分标准。不过，各国对中小企业的划分标准，大多是在突出产业部门生产技术特点导致的差异性基础上，挑选比较直观易得的指标（如资本、员工人数等）来划分。以员工人数为例，大多数国家将员工人数在 500 人以下的企业划分为中小企业，100 人以下则划分为小企业（赵晓英，2006）。各国划分中小企业的标准见表 2.1。

表 2.1　各国划分中小企业的标准

国　家	中小企业分类	
	员工人数	资　产
澳大利亚	小：<20 中：21~200 大：>200	
文莱	小：<10 中：10~100 大：>100	
印度		小：在种植和机械行业的最大投资≤1 000 万卢比 中：没有正式定义
印度尼西亚		中小企业：<2 亿卢比
日本	中小企业：<300（制造业）	中小企业：<2 亿日元
马来西亚	中小企业：<200	中小企业：<1 500 万林吉特
菲律宾	小：10~99 中：100~199 大：>199	小：150~1 500 万比索 中：1 500~6 000 万比索 大：>6 000 万比索
新加坡	中小企业：<200	中小企业：<1 500 万新元
泰国	小： 　<50（制造业） 　<50（服务业） 　<25（批发业） 　<15（零售业） 中： 　50~200（制造业） 　50~200（服务业） 　25~50（批发业） 　15~30（零售业）	小： <5 000 万泰铢（制造业） <5 000 万泰铢（服务业） <5 000 万泰铢（批发业） <3 000 万泰铢（零售业） 中： 5 000~20 000 万泰铢（制造业） 5 000~20 000 万泰铢（服务业） 5 000~10 000 万泰铢（批发业） 3 000~6 000 万泰铢（零售业）

续表

国　家	中小企业分类	
	员工人数	资　产
越南	中小企业：<500	中小企业：<100亿越南盾
保加利亚	小：<50	
法国	小：<250	
波兰	小：<50 中：51～250 大：>250	
英国	小：<50 中：51～250 大：>250	

52

（2）我国对中小企业的划分标准

我国对中小企业的认知经历了从国民经济的"补充"到"重要组成部分"的过程。为了贯彻《中华人民共和国中小企业促进法》，国家经贸委、财政部、原国家计委和国家统计局联合在2003年出台了《中小企业标准暂行规定》（以下简称《规定》）。《规定》指出，中小企业是在我国境内依法设立的符合国家产业政策、有利于满足社会需要、增加社会就业、生产规模属于中小型的各种所有制及形式的企业。中小企业的划分标准包括员工人数、销售额（或资产总额）等指标，不同行业的中小企业划分标准见表2.2。

表 2.2　我国对中小企业的划分标准

行　业	职工人数	销售额(或资产总额)
工业	2 000 人以下	30 000 万元以下(40 000 万元以下)
建筑业	3 000 人以下	30 000 万元以下(40 000 万元以下)
零售业	500 人以下	15 000 万元以下
批发业	200 人以下	30 000 万元以下
交通运输业	3 000 人以下	30 000 万元以下
邮政业	1 000 人以下	30 000 万元以下
住宿和饮食业	800 人以下	15 000 万元以下

2.1.2　中小企业的特征

虽然各国对中小企业的划分标准差异很大,但总体而言,中小企业与大型企业相比具有如下特征。

(1)数量多,分布广

中小企业社会经济基础广泛,是各国现代经济的重要构成部分,数量非常庞大。亚太地区国家纳入统计的中小企业数量占企业总数的85%以上,工业总产值则占60%~70%,如将未注册的中小企业包括在内,该数据将会更大。如泰国的中小企业数量在99%以上,且小规模企业数量每年增长3.6%,中等规模企业数量每年增长9.8%。

我国的中小企业数量为4 240多万家,占全国企业总数的99.6%,其销售额占所有企业销售额的58.9%,税收占比为48%左右,新产品占比为 82%,解决就业占比为 75%(武戈和蔡大鹏,2007)。表 2.3 显示了 2007—2011 年我国规模以上企业及其中的中小企业在数量、产值、资产及从业人员等方面的数据。从表 2.3 可以清楚看出,我国中小企业无论在数量、产值、资产和从业人员等方面,都在我国国民经济中占据重要地位。

就分布范围而言,中小企业(尤其是小型企业)的分布范围非常广泛,据统计,75%以上的小型企业分布在县及农村。就经营范围而言,中小企业涉足除金融、航天、保险等技术密集度高或国家专控特殊行业之外的各个行业,特别是一般工业制造业、建筑业、农业、运输业、采掘业、批发业、餐饮业、零售贸易业及其他社会服务业等行业的集中度非常高。

（2）规模小,资金缺乏

中小企业从成立开始就因其创业资金和经营资金缺乏,没有足够的资本积累,导致生产规模一般较小。因此,中小企业的生产设备工艺较为落后,更新速度慢,产品质量不高,技术含量偏低。尤其是我国中小企业发展较晚,规模小和资金缺乏的现象尤为突出。据统计,2011 年全国独立核算的中小企业的平均资本金不到大企业的 5%;平均年产值低于大型企业的 6%。此外,中小企业因规模小,资信程度也就较低,贷款难度很大,筹资能力较差。

54

表 2.3 全国规模以上企业统计信息（2007—2011 年）

年份	企业数量			产 值			资 产			从业人员		
	总量/家	中小企业/家	占比/%	总量/亿元	中小企业/亿元	占比/%	总量/亿元	中小企业/亿元	占比/%	总量/万人	中小企业/万人	占比/%
2007	336 768	333 858	99.14	405 177	264 319	65.24	353 037	214 306	60.70	7 875	6 052	76.85
2008	426 113	422 925	99.25	507 448	338 144	66.64	431 306	267 019	61.91	8 838	6 867	77.70
2009	434 364	431 110	99.25	548 311	372 499	67.94	493 693	300 569	60.88	8 831	6 788	76.87
2010	452 872	449 130	99.17	698 591	468 643	67.08	592 882	356 625	60.15	9 545	7 237	75.82
2011	325 609	316 498	97.20	844 269	492 761	58.37	675 797	332 798	49.25	9 167	5 936	64.75

注：全国规模以上工业企业统计范围 2007—2010 年为年主营业务收入在 500 万元及以上的工业企业；2011 年为年主营业务收入在 2 000 万元及以上的工业企业。

（3）竞争力弱，经营效率低

中小企业由于其生产规模及资本积累等方面的劣势，其劳动生产率一般较低，生产成本一般较高，在市场上的竞争力较弱。我国中小企业主要集中于劳动密集型产业。此外，中小企业容易受到环境的影响，经营风险较大，死亡率非常高，一项对美国中小企业生命周期的调研发现，中小企业中约有68%在第一个5年内倒闭，仅19%的企业可存续6～10年，只有13%的企业存在时间超过10年，因此，中小企业很难吸引投资者。

（4）经营灵活，形式多变

一般而言，中小企业的经营手段灵活，形式多变，适应性强。能够随着市场的变化快速调整其产业结构，转变生产方向，以快速适应市场新需要，从这个角度而言，其生命力较强。

2.2 企业规模与排污强度的关系研究

2.2.1 研究设计

由于中小企业数量多，分布广，很难全部纳入环保监管，真正被纳入监管的企业只是其中的少数，大量中小企业并没有纳入环保监管范围，虽然已有中小企业数量、规模、产值、员工人数等方面的统计数据，但是还没有对中小企业污染程度的统计分析。换言之，中小企业到底对环境造成了多大程度的污染还缺乏相关分析。一般认为,中小企业因资金、工艺、设备等限制,在相同条件下,其对环境的污染程度高于大型企业,但是,目前还没有相应的实证分析来支撑该猜想。本节将采用实证方法对该猜想进行验证,分析论证企业规模与污染物排放量之间的关系。

现实中,影响生产型企业的污染物排放量的因素有很多,因此,即使在回归分析中发现污染物排放量与企业规模成明显正相关,得出的结论也只能是企业规模越大,污染物排放量越大,需要加大对大规模企业的环保规制力度。但企业规模只是影响污染物排放量的一个间接指标,其直接指标应该是原料的使用量,因此,直接研究企业规模与污染物排放量之间的关系没有实际意义。

对此,一个可行的解决方案是分析排污系数与企业规模之间的关系。排污系数与产污系数统称"产排污系数",源于《工业污染源产生和排放系数手册》(国家环境保护局科技标准司,1996)。产污系数指的是典型工况生产条件下,制造单位产品(或使用单位原材料)所生成的污染物数量;排污系数则是指在典型工况生产条件下,制造单位产品(或使用单位原材料)所生成的污染物经末端治理设施治理后的残余量,或制造单位产品(使用单位原材料)所直接排放到环境中的污染物数量。若污染物直接排放,排污系数就与产污系数相同(中国环境科学研究院,2008)。国外与产排污系数相对应的是 Emission Factor(EF),世界可持续发展工商理事会(WBCSD)以及世界资源研究所(WRI)将其翻译为"排放系数",国内的很多文献中将其翻译为"排放因子"(高新华,汪莉和曹云者,2006;王伯光,邵敏和张远航,2006;李新令,2007)。以美国环境保护署(US EPA)、政府间气候变化专门委员会(IPCC)以及欧洲环境署(EEA)等为代表的组织将其定义为排放系数（EF）具有代表性，用于衡量单位强度下某项活动（Activity）的排污量。以燃煤锅炉为例，锅炉煤燃烧会排放 CO_2，燃煤锅炉每消耗 1 t 煤所排放的 CO_2 量就是燃煤锅炉的 CO_2 排放系数。当然，国内外在此概念上略有不同，国外的排放系数还包含了末端减排水平，相当于国内的排污系数，但国外并没有给出产污系数（段宁，郭庭政，孙启宏，等，2009）。

由于工业制造所使用的原料种类很多，所生成的污染物种类也很多，因此，本节不分析规模与所有排污系数之间的关系，本节仅分析规模与单位煤炭消耗所生成的 SO_2 间的关系。选择煤炭消耗与 SO_2 排放量的主要原因在于 SO_2 一直是我国的主要大气污染物，且目前燃煤的 SO_2 排放量占 SO_2 排放总量的 90% 以上，因此，选择这两个变量计算的排污系数具有很强的代表性。本节采用的实证模型为：

$$\frac{E_{SO_2}}{C_C} = \alpha S + c + \varepsilon \tag{2.1}$$

其中，E_{SO_2} 为 SO_2 排放量，C_C 为煤炭消耗量，α 为企业规模对排放系数的决定系数，S 为企业规模，c 为常数项，ε 为残差项。实证模型中，煤炭的消耗量为企业所有的煤炭（如原煤、洗精煤等）消耗量之和，企业规模则以其工业总产值为代表。当然，因企业多元化的影响（如一些企业的工业产值大部分与煤炭消耗无关）或行业的影响，实证结论可能受到一定干扰，为了尽可能剔除这种干扰，本节在对所有样本企业进行全样本分析之外，还将选择几个有代表性的行业从行业层面进行分行业的分析（虽然这种研究设计不能完全剔除多元化等的影响，但鉴于数据来源的限制，唯有从行业层面分类）。

由于本节在实证分析中发现，模型（2.1）中的 α 及调整 α 很小，回归结果无效。因此，本节最后所采用的实证模型为：

$$E_{SO_2} = \alpha S + \beta C_C + c + \varepsilon \qquad (2.2)$$

模型(2.2)中变量的含义与模型(2.1)中的含义相同,其中,β 为煤炭消耗量与 SO_2 排放量的关系系数。若通过回归分析发现 α 显著为负,则可以证明消耗相同煤炭时,规模越大的企业所排放的 SO_2 越少,从而证明了中小企业的污染物排放系数高于大型企业,即验证如下猜想。

猜想 2.1:在相同的煤炭消耗水平下,企业规模越大,其 SO_2 排放量反而越小。换言之,中小企业的排污强度和排污系数比大企业更大。

2.2.2　数据来源及特征

本节所采用样本数据来自重庆市沙坪坝区污染源普查数据库。2006 年 10 月,国务院颁布《关于开展第一次全国污染源普查的通知》,决定开展污染源普查,这是我国环保史上的第一次全国性大规模普查。2007 年 10 月,温家宝签发国务院第 508 号令,颁布《全国污染源普查条例》,之后,全国各地先后开始污染源普查。重庆市沙坪坝区是从 2007 年 10 月起,按照重庆市污染源普查办公室下达的初步清查名单,根据污染源清查技术规定,对辖区内的所有排污单位进行拉网式调查,历时 1 个月,全区共登记普查对象 12 721 个,最终确定普查对象 8 298 个,其中,工业源 3 840 个(包括重点源 1 684 个和一般源 2 156 个),生活源 3 293 个,农业源 1 164 户,污染集中治理设施 1 个。

之后,沙坪坝区环保局每年都会对该数据进行更新,本节采用 2010 年的数据。2010 年,沙坪坝区纳入污染源的工业企业 3 360 家,其中详细调查的工业企业数 1 539 家,占比 45.8%。

　　从行业分布看,沙坪坝的工业企业涉及的行业种类以制造业为主,种类较全。工业企业较多的行业包括:家具制造业(177 家)、非金属矿物制品业(189 家)、通用设备制造业(332 家)、交通运输设备制造业(735 家)和纺织业(863 家),其和占全区工业企业总数的68.3%,具体见表2.4。

表 2.4　工业企业在各行业的分布

行业类别	统计企业数	占工业企业总数的比例/%	累计百分比/%
纺织业	863	25.68	25.69
交通运输设备制造业	735	21.88	47.57
通用设备制造业	332	9.85	57.42
非金属矿物制品业	189	5.63	63.05
家具制造业	177	5.27	68.32
塑料制品业	148	4.41	72.73
金属制品业	122	3.62	76.36
专用设备制造业	108	3.22	79.58
木材加工及木、竹、藤、棕、草制品业	88	2.62	82.20
电气机械及器材制造业	81	2.41	84.61
造纸及纸制品业	72	2.14	86.75
化学原料及化学制品制造业	71	2.11	88.86
农副食品加工业	55	1.64	90.50
食品制造业	52	1.55	92.05
印刷业和记录媒介的复制	38	1.13	93.18

续表

行业类别	统计企业数	占工业企业总数的比例/%	累计百分比/%
非金属矿采选业	34	1.01	94.19
橡胶制品业	31	0.92	95.11
有色金属冶炼及压延加工业	26	0.77	95.88
黑色金属冶炼及压延加工业	19	0.57	96.45
纺织服装、鞋、帽制造业	18	0.54	96.99
工艺品及其他制造业	14	0.42	97.41
皮革、毛皮、羽毛(绒)及其制品业	13	0.39	97.80
仪器仪表、文化及办公用品、机械制造业	13	0.39	98.18
废弃资源和废旧材料回收加工业	11	0.33	98.51
水的生产和供应业	11	0.33	98.84
饮料制造业	10	0.30	99.14
文教体育用品制造业	7	0.21	99.35
石油加工、炼焦及核燃料加工业	7	0.21	99.55
通信设备、计算机及其他电子设备制造业	7	0.21	99.76
医药制造业	6	0.18	99.94
煤炭开采和洗选业	1	0.03	99.97
燃气生产和供应业	1	0.03	100.00

在沙坪坝区 3 360 家工业企业中,有煤炭消耗量和 SO_2 排放量统计数据的企业共 256 家,从调查数据中发现,绝大多数企业 SO_2 排放量与煤炭消耗量的比值低于 0.1,仅 7 家企业大于 1,说明这 7 家企业 SO_2 排放的主要原因不是燃烧煤炭,而应该是使用了含硫化工原料,为了结果的准确性,我们剔除了这 7 个异常样本,最后,得到 249 个样本企业。根据相同的原则,本节还选择了 28 家非金属矿物制品业企业、47 家通用设备制造业企业、69 家交通运输设备制造业企业作为子样本进行行业分析。各样本集的描述性统计见表 2.5—表 2.8。

表 2.5　各样本集的描述性统计

	工业总产值/亿元	煤消费总量/万 t	SO_2 排放量/万 t	排污系数
样本数	249	249	249	249
最小值	2.0	2	0.00	0.000 129 16
最大值	166 603.7	60 167	1 963.85	0.161 750 00
均值	2 455.863	1 312.62	35.957 6	0.034 950 71
标准差	12 112.828 3	5 717.337	162.027 85	0.023 364 98

表 2.6　非金属矿物制品业描述性统计

	工业总产值/亿元	煤消费总量/万 t	SO_2 排放量/万 t	排污系数
样本数	28	28	28	28
最小值	5.0	20	0.00	0.000 129 16
最大值	8 012.7	60 167	1 963.85	0.053 600 00
均值	957.396	7 634.86	202.362 8	0.021 866 76
标准差	1 765.460 8	13 613.955	441.837 89	0.014 601 52

表 2.7　通用设备制造业描述性统计

	工业总产值/亿元	煤消费总量/万 t	SO₂排放量/万 t	排污系数
样本数	47	47	47	47
最小值	18	2	0.03	0.001 500 00
最大值	166 604	1 545	32.64	0.054 400 00
均值	4 546.26	183.89	4.433 3	0.028 863 31
标准差	24 437.075	324.006	7.400 22	0.020 478 92

表 2.8　交通运输设备制造业描述性统计

	工业总产值/亿元	煤消费总量/万 t	SO₂ 排放量/万 t	排污系数
样本数	69	69	69	69
最小值	10	3	0.0	0.000 4
最大值	29 820	1 200	26.8	0.054 4
均值	1 372.51	135.84	3.230	0.027 018
标准差	3 882.684	219.995	5.739 3	0.018 906 5

2.2.3　实证结论

　　本节分别利用全样本、非金属矿物制品业、通用设备制造业和交通运输设备制造业的数据,对模型 2.2 进行回归分析,结果见表 2.9—表 2.12。

表 2.9 全样本回归结果

	非标准化系数		标准化系数	T 值	相伴概率
	B	Std. Error	Beta		（sig）
常数项	3.134	4.264		0.735	0.463
工业总产值	−0.001	0.000	−0.045	−1.764	0.079
煤消费总量	0.026	0.001	0.922	36.139	0.000

注：$R^2 = 0.916$　$AdR^2 = 0.839$　$F = 659.704 (P = 0.00)$

表 2.10 非金属矿物制品业回归结果

	非标准化系数		标准化系数	T 值	相伴概率
	B	Std. Error	Beta		（sig）
常数项	−35.648	15.506		−2.299	0.030
工业总产值	0.221	0.041	0.882	5.387	0.000
煤消费总量	0.004	0.005	0.108	0.661	0.515

注：$R^2 = 0.985$　$AdR^2 = 0.970$　$F = 557.806(P = 0.00)$

表 2.11 通用设备制造业回归结果

	非标准化系数		标准化系数	T 值	相伴概率
	B	Std. Error	Beta		（sig）
常数项	0.740	0.794		0.931	0.357
工业总产值	−0.001	0.000	−0.513	−4.119	0.000
煤消费总量	0.024	0.003	1.048	8.404	0.000

注：$R^2 = 0.794$　$AdR^2 = 0.631$　$F = 37.643(P = 0.00)$

表 2.12　交通运输设备制造业回归结果

	非标准化系数		标准化系数	T 值	相伴概率
	B	Std. Error	Beta		（sig）
常数项	0.911	0.621		1.467	0.147
工业总产值	−6.93E−005	0.000	−0.047	−0.492	0.624
煤消费总量	0.018	0.002	0.681	7.153	0.000

注：$R^2 = 0.732$　$AdR^2 = 0.536$　$F = 65.188(P = 0.00)$

　　由表 2.9—表 2.12 可看出，回归模型的 R^2 和调整 R^2 都在 0.5 以上，部分达到 0.9，回归模型 F 值的相伴概率均接近 0，各回归模型得到的结论可靠。

2.2.4　结论分析

　　由表 2.9 可以看出，全样本分析中，煤炭消耗量的系数为 0.026，T 值为 36.139，相伴概率是 0，说明样本企业中，SO_2 的排放与煤炭消耗呈显著正相关。工业总产值系数为 −0.001，T 值为 −1.764，相伴概率为 0.079，在 10% 的显著性水平下显著。换言之，在 10% 的显著性水平下，工业总产值的系数显著小于 0。这就证实了猜想 2.1，即在相同的煤炭消耗水平下，企业规模越大，其 SO_2 排放量反而越小。换言之，中小企业的排污强度和排污系数比大企业更大。

　　由表 2.10—表 2.12 可知，就分行业而言，不同行业表现出的现象不同。

　　非金属矿物制品业的回归结果显示，虽然工业总产值为 0.221，系数 T 值为 5.387，相伴概率为 0，但并不能因此就认为该行业大企业比中小企业的排污强度和排污系数大，其原因在于煤炭消耗总量系数的不显著性。煤炭消耗总量系数为 0.004，T 值为 0.661，相伴概率为 0.515，系数 T 检验结果不显著。换言之，不能拒绝煤炭消耗总量系数为 0 的原假设。出现这种情况表明，该行业 SO_2 的排放主要不是来自煤炭消耗，而来自对 SO_2 排放提供更多解释的其他变量。这就导致企业规模越大 SO_2 排放越多的结果出现。

通用设备制造业的回归结果显示，其工业总产值系数为 -0.001，T 值为 -4.119，相伴概率为 0，在 1% 的显著性水平下呈现显著。可以认为该系数显著小于 0。换言之，通用设备制造业中，企业规模与 SO_2 排放量负相关。

交通设备制造业的回归结果显示，虽然工业总产值系数为负，但绝对值非常小，且 T 值为 -0.492，相伴概率为 0.624，系数 T 检验结果不显著，因此，可以认为工业总产值系数为 0。换言之，交通设备制造业中，企业规模对 SO_2 的排放量不产生影响。

总体而言，以上实证研究表明，企业规模对企业的排污强度和排污系数有一定影响，规模越大的企业排污系数和排污强度越低，规模越小的企业排污系数和排污强度越高。由此可以得出结论，中小企业是我国污染的主要来源，因此，要想真正改进我国的环境状况，环保监管不仅要关注大企业，更应该加强对中小企业的监管和激励。

2.3　中小企业环保规制的现状及困境

2.3.1　中小企业环保规制现状

我国实行的是统一规制与行政分级（省、市、地、县等）及分部门

（交通部、建设部等）规制相结合，是一种自上而下的纵向综合性规制体制。在这种体制下，各地方政府对当地环境质量负责，环保主管部门负责统一监督管理，各相关部门依法实施规制。具体表现为：

1）监管机构的设置及职能

（1）监管机构设置

我国环保监管机构的设置经历了部门分管到国家统管的两个阶段。

1973年国务院及各省市成立环保工作领导小组，1981年成立国家环境保护局，并于1998年升格为国家环境保护总局，成为国务院直属机构之一。2008年组建环境保护部，成为国务院组成部门，负责我国环境保护工作的统一监管。此外，我国还建立起全国环境保护部际联席会议制度，以及区域环境督查派出机构，来强化部门和地区间的协调及合作。同时，在省、自治区、直辖市以及地、市、区（县）分别设立了环保局（厅），同时国家环境保护部和同级政府的领导，各级环保局（厅）人员的工资由同级财政发放。全国现有各级环保主管部门3 226个，从事环保行政管理、监测、宣传教育及科学研究等工作的人数达16.7万人。各级政府综合部门及资源管理部门，甚至多数大中型企业都设有环保机构来负责本部门或本企业的环保工作。

近年来，随着国家对环境保护的日益重视，环保监管机构不断增多。2005年底，环保系统内的机构就达11 528个。其中，国家级41个，省级344个，地市级2 019个，县级7 655个，乡镇级1 469个；环保行政机构3 226个，监测机构2 289个，监察机构2 854个，环境科研院

67

所 273 个。环保系统从业人员 16.7 万人,其中,行政人员 4.4 万人,占总人数的 26.4%;环境监测人员 4.7 万人,占总人数的 28.2%;环境监察人员 5.0 万人,占总人数的 30.0%。2001—2005 年末环保局、监测站从业人员及比例见表 2.13。

表 2.13　2001—2005 年末环保局、监测站从业人员及比例

年度	年末从业人员/人	环保局		监测站		监察机构	
		从业人员/人	占本级环保人数的比例/%	从业人员/人	占本级环保人数的比例/%	从业人员/人	占本级环保人数的比例/%
2001	142 766	39 175	27.4	43 629	30.6	37 934	26.6
2002	154 233	40 709	26.4	46 515	30.2	41 878	27.2
2003	156 542	40 598	25.9	45 813	29.3	44 250	28.3
2004	160 246	42 134	26.3	45 849	28.6	47 189	29.4
2005	166 774	44 024	26.4	46 984	28.2	50 040	30.0

68

（2）职能划分

在我国排污监管体制中,各部门的职能划分为:人大及其常委会主要负责组织起草环境保护相关法律文件,审议、监督环境保护执法,并提出环境保护议案;环保部为国务院环境保护行政主管部门,主要职能是对全国环境保护工作进行统一的监督和管理;各行政区的环保局(厅)在环保部领导下负责本地环保工作,水利、土地、交通、林业、公安等政府部门也会参与环境治理和资源保护等工作。其中,农业、交通和生活污染由农业、公安交通、城建等 9 个部门或机构负责,水利、地质矿产、市政、卫生等协同环保部门进行水污染监管。按机构配置,国家环保监管机构为正部级的环保部,省、地、县级为独立

的一级或二级环保局(厅),上下级间的关系为领导、协调和指导关系。

2) 环保监管相关利益主体

环保监管涉及政府部门、企业及社会公众等利益主体。其中政府是环保监管者,企业和社会公众则是环境资源的不同的两类消费者。企业是为追求经济利益而成污染物规模排放的积极消费者,社会公众则是不成规模排放污染物,且被动享受环境资源的消极消费者。这两类环境消费者在利益上相互矛盾,企业为了经济利润不惜向环境排污,社会公众则会为了自身健康反对或阻止企业排污,从而导致两者的利益冲突。环保监管部门处于企业和社会公众之上,其制定的环境政策对企业与社会公众利益的实现会产生重大影响。若政府为了促进经济快速增长,就会在政策上对企业给予优惠及支持;若为了保护环境资源并改善环境,就会在政策制定上倾向于社会公众。政府部门环保规制的目的是实现政府环保政策、企业经济利益与社会公众环保要求三者间的均衡。但政府、企业和社会公众都是站在各自立场看待政策,很难形成三方协调的利益机制,因而,环保规制政策实施阻力很大。

3) 环保监管体系

1973 年以来,国家和地方各级政府先后制定或修改了一系列的环保法规、规章和标准,形成了以《环境保护法》为基础,由环境标准、环境监督、环境影响评价、环境监管政策和方法五个部分组成的环保

69

监管体系。环境标准规定了各种污染物排放的上限值及环境质量标准,是环保目标;环境影响评价的目的在于力争从源头解决环保问题,是实现环保监管目标的桥梁;环境监管政策是更有效达到环保监管目标的手段。

(1)法律体系

我国在环保方面已经初步建立起较完善的环保监管法律体系,对环境保护和污染防治起到重要作用。现有法律体系主要由以下几部分构成:首先是宪法和其他部门法中关于环保的规定;其次是环境保护基本法;最后是环境保护单项法律。宪法是我国的根本大法,宪法第二十六条明确规定:"国家保护和改善生活及生态环境,防治污染及其他公害。国家鼓励植树造林,保护林木。"为我国环保法制建设提供了依据。《刑法分则》在第六章"妨害社会管理秩序罪"中明确了危害环境犯罪。1979 年 9 月 13 日,第五届全国人大常委会第十一次会议原则通过了试行的《环境保护法》,并于公布当日开始试行,这是我国第一部单行的环保法律。1989 年 12 月 26 日,第七届全国人大常委会第十一次会议通过了全面修订后的环保法,并于公布当日正式施行。此外,我国还出台了《大气污染防治法》《固体废物污染防治法》《固体废物污染环境防治法》《水污染防治法》《噪声污染防治法》《野生动物保护法》《海洋环境保护法》《放射性污染防治法》《排污费征收使用管理条例》等 14 部法律、28 部法规、70 多部规章及地方法规,使得我国环保法律体系不断完善。

(2)环保监管标准体系

我国的环保监管标准主要包括国家环境标准、地方环境标准、环境保护行业标准。其中,国家环境标准包括环境质量标准、污染物排放标准、环境监测方法标准、环境基础标准和标准样品标准五类构成,地方环境标准则包括地方环境质量标准和地方污染物排放标准。我国环保监管标准体系构成如图 2.1 所示。

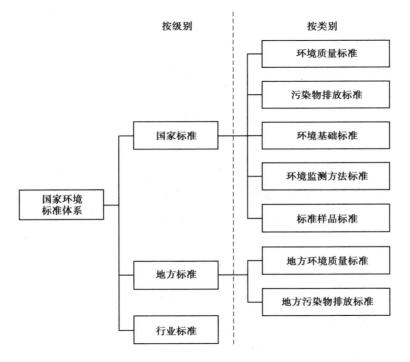

图 2.1　我国环保监管标准体系

（3）方法体系

①准入规制

我国对排污企业实施的准入规制是环境影响评价制度及“三同时”制度。所谓环境影响评价制度是指环保监管部门在企业项目投资前,对企业项目的环境影响进行初步评价,包括:项目概况;项目周

边环境现状;项目可能对环境造成的影响的分析、预测及评估;项目
采取的环境保护措施以及技术和经济论证;项目对环境影响的经济
分析;对项目实施环境监测的建议及环境影响评价结论等 7 项内容。
此外,对于涉及水土保持的项目,还需要经行政主管部门审查通过的
水土保持方案(见《环境影响评价法》第十七条)。严禁未作环评或环
评不过关的项目上马。在环评合格之后,企业在项目的初期还要保
证项目环境保护设施的同时设计、施工和投产使用,即"三同时"制
度。为确保这两项制度的实施,国家实行了环境影响评价工程师职
业资格制度,并建立了由专业技术人员构成的评估队伍。

②数量规制

我国实施的是总量控制与浓度控制相结合的数量规制。要求企
业在一定时间内的排污总量不能超过某个限额,同时不能超过一定
浓度。在此之前,我国曾经实行过单一的浓度控制,结果出现企业向
污染物中添加清水来降低排放浓度以规避限制的情况。因此,我国
现在实行浓度控制加总量控制的方法,以避免这种情况发生。在具
体实践中,一般是采取直接规制的方法,即规定污染物排放标准,用
行政手段强制要求企业"达标",否则对其实施一定的制裁措施。同
时,辅以一定的间接规制方法,主要是有排污收费和治污补贴。

(4)监督体系

我国采取内部检查和外部检查两种办法对企业排污状况进行检
查,同时,鼓励社会公众积极参与监督。

①内部检查

内部检查是由企业自行对其排污状况作监测调查,并每天将排
污情况通过互联网传给其所在基层环保监测部门,各级环保监测部

门汇总后传给上一级监测部门,最后传到国家环境监测总站,以使国家环境监测总站初步掌握各企业排污状况。

②外部检查

外部检查主要是由监察部门检查以及监测部门监测。监察部门检查是以定期和不定期的方式进行。我国不仅在各级环保局下设环境监察部门,在发生松花江污染事件后,还成立了东北、华北等督查中心,以负责区域的环保检查。环境监测方面,我国已形成由国家、省、市、县构成的四级环境监测网络,如图 2.2 所示。我国环保系统中共建有各级环境监测站 2 389 个,包括:1 个总站、41 个省级监测中心站、401 个地市级监测站、1 914 个区县级监测站,以及 32 个核辐射监测站(但德忠,2005)。已初步形成以国控网络监测站为骨干的环保监测网络系统,在全国范围内进行地表水、水生生物、空气、土壤、生态、噪声、海洋、辐射等的监测。

73

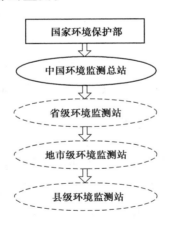

图 2.2　四级环境监测网络

③公众监督

按环境影响评价法规定,对可能造成不良环境影响的规划或建设项目,将通过论证会、听证会或其他形式,征求有关单位、专家及社会公众对环境影响评价报告书的意见。

2006 年 2 月,国家又颁布了《环境影响评价公众参与暂行办法》,详细规定了社会公众参与环境影响评价的范围、组织形式、程序等内容。近年来,我国社会公众提高了对环保的监督力度。目前,社会公众对环保的监督主要通过信访、投诉方式来进行。

2.3.2　中小企业环保规制困境

虽然我国已实施 ISO 14000 标准,并在外资企业、合资企业和出口导向型的国有大型企业的实施中取得了良好效果,但中小企业的认证工作还基本处于空白阶段。这主要是由中小企业特点决定,目前,中小企业环保监管的困境主要有以下 4 点。

（1）无法实现环保监测中的精确监测

在环保监管过程中,由于我国各环保部门的监测技术水平较低和监测人员素质不高等因素,加之企业的提前防范行为等原因,我国无法实现对中小企业的环保监测过程中的精确监测。

（2）总量控制效果难以评估

我国环保监管以总量控制为依据,且总量控制的效果影响到环保监管能否顺利进行。但现在对总量控制的实施效果还缺乏一个整体评估,总量控制政策是由政府提出,但没有进一步明确该概念,只是提出这一想法,要去控制一定区域内的污染物排放总量。

（3）中小企业环保意识淡薄

ISO 14000 标准的实践工作表明,企业最高管理者的决心和承诺,不仅是企业启动环保管理体系建设的动力,也是动员不同部门和全体员工投入环保工作的保障。企业最高管理者对环保的态度决定了企业对环保管理体系的态度。我国中小企业最高管理者环境意识淡薄,严重制约了环保工作的实施和效果。中小企业最高管理者只考虑如何获得更高的经济效益,忽视环保工作,缺乏环保责任感。加上受传统经济增长模式和旧有观念影响,往往把环保责任推给政府,不愿治理污染。中小企业最高管理者环保意识淡薄和责任感缺乏阻碍着我国环保工作的展开,增加了监管难度。

同样,企业员工环保意识的高低对环保工作的展开也起着极大影响。若企业员工环保意识高,环保措施就可以快速落实到基层,环保工作就可以得以顺利进行。环保意识高导致好的环境行为,进而产生好的环保效果。

但是,我国中小企业很难真正自觉削减污染,相反,它们对政府加强环保监管有所抵触。在它们看来,环保成本发生在现在,收益则发生在未来,在追求短期成本最小化的驱使下,他们一般选择不采取环保措施;其次,环保成本由企业承担,环保收益则是全社会获得,因此,企业就会尽可能逃避生产环保成本,从而导致过多污染的产生。此外,根据“环境竞争理论”,单个企业加强环保措施会提高其成本,在产品市场的竞争中处于不利地位。这些都使得我国中小企业对环保有所抵触。

(4)环保监管无法落实

我国很多地方环保问题长期得不到解决,其主要根源看似在企业,其实在政府,尤其是地方政府。地方政府既是地区环保监管政策的制定者又是环保的执行者。但是,在现行体制下,地方政府在制定地区环保政策或执行中央环保政策时,显然是将地区的经济利益和个人政绩放在首位。一方面,为了本地区的经济利益,地方政府会在实施中央政府环保政策时打折扣;另一方面,为了提升政绩,地方政府官员会向社会公众隐瞒本地区潜在的环保问题。因此,很多好的环保监管政策难以落实,甚至无法通过。

2.4　中小企业环保规制难的主要原因

2.4.1　资金规模等内部资源约束导致中小企业治污能力低

由于成本收益约束、规模经济限制、技术制约、缺少专业人员、管理能力不足、知识与信息约束、资金与空间限制等因素,我国中小企业治污能力明显不足。

(1)成本收益约束

在末端治理情况下,污染物治理投资意味着企业产品总成本上升。而我国中小企业的同质化严重,企业间的竞争基本是价格的竞争。在此情况下,总成本的上升将导致中小企业在激烈的竞争中处于劣势,陷于亏损甚至倒闭。因此,我国中小企业管理者将污染物治理视为非生产性活动,拒绝进行污染物治理投资,或者即使投资建成治污设备也仅将其作为应付检查的工具,不会投入使用,阻碍了企业治污能力的形成和提高。

（2）规模经济限制

为了治理污染物,企业需要投资建设治污设备或设施,从而产生一定的固定成本。在一定的治污量范围,平均治污成本随治污量增加而降低。换言之,治污也存在最低经济规模。而中小企业规模小,单个企业排污量低,远远达不到治污最低经济规模。如:草浆造纸废水处理,碱回收工艺的经济规模是 $Q \geqslant 1\ 000\ t/a$,但绝大多数中小企业的污染排放规模远远达不到这一规模(苏杨,2004)。在此情况下,中小企业的单位治污成本高,从而导致其单位产品成本增加过多,因而不愿意投资以提高其治污能力。

（3）技术制约

中小企业选择生产技术的依据标准与大企业不同。大企业一般以资源最优配置为依据,中小企业则主要考虑资本、原材料、生产空间以及该地区的技术状况等因素,一般会选择最便宜的技术,结果导致中小企业生产要素利用效率低下,生产过程中产生大量的污染物(Dasgupta,2000)。此外,中小企业经营管理者能力以及工人知识水平较低,缺乏能力或意愿去改进生产和治污技术,中小企业治污能力难以得到提高。

（4）缺少专业人员

环保专业人员是推动企业实施环保措施的核心力量之一(Sandesara,1991)。我国中小企业通常没有专职环保管理人员,即使有环保管理人员,这些人往往同时负责企业生产经营管理,因此,通常会更重视生产经营的绩效,缺乏推动企业环保的动力。而中小企业普通员工的知识水平较低,环保意识淡薄,在没有专业人员推动的情况下,企业普通员工很难推动企业采取环保措施。

(5)管理能力不足

与大企业一般都建有相对完善的管理体系并将环保管理作为其战略组成部分不同,中小企业一般不具备完善的管理体系,管理能力欠缺(Sandesara,1991)。此外,中小企业的组织结构决定了其经营者要负责所有的现场决策,其大多数的时间和精力都放在了到日常事务管理中(Dasgup ta,2000)。因此,中小企业很难对环保监管作出正确反应。

(6)知识与信息约束

若企业掌握的治污知识和信息较多,其治污的成本通常也较低。但实践中,一方面,中小企业经营者因其知识水平限制而缺乏吸收和处理相关信息的能力;另一方面,中小企业缺乏获得相关知识和信息的有效途径。因此,我国中小企业一般缺乏治污知识和信息,不但难以掌握治污的有效技术,甚至对环保监管政策和标准都缺乏了解。知识和信息的缺乏使得中小企业治污能力难以得到提高(Sethuraman,1992)。Dasgup ta(1997)对印度小型铅厂的实证研究表明,在面临减少排放需求,缺少相关知识的中小企业往往安装的是高成本、低效率且不适用的设备。

(7)资金与空间限制

治污往往需要投入巨额资金,如"中国跨世纪绿色工程计划(第一期)"投资总额达到了1 830亿元,每个项目的平均治理成本1.3亿元(吴承业,等,1998)。而中小企业规模有限,且难以获得信贷支持,作为非生产性投资的治污投资更是难以获取信贷,因此,即使中小企业愿意投资治污,也会受限于治污的巨额成本而无法实施。Frijns 和 Vliet(1999)研究发现,没有污染治理设施的安装空间也是限制中小企业提高治污能力的因素。

2.4.2　中小企业数量庞大、分布分散,环保部门监管资源不足

我国中小企业的数量非常庞大,而且分布十分分散。据统计,我国中小企业数量为 4 240 多万户,占全国企业总数的 99.6%。而就分布范围而言,中小企业(尤其是小型企业)的分布范围非常广泛,75%以上的小型企业分布在县及农村。就经营范围而言,中小企业涉足除金融、航天、保险等技术密集度高或国家专控特殊行业之外的各个行业,特别是一般工业制造业、建筑业、农业、运输业、采掘业、批发业、餐饮业、零售贸易业及其他社会服务业等行业的集中度非常高。

而我国环保系统从业人员总共才 16.7 万人,其中,只有环境监测人员 4.7 万人,以及环境监察人员 5.0 万人,共计 9.7 万人。以 9.7 万人去监督分布在 960 万 km^2 土地上的 4 240 万户中小企业,平均每人负责约 100 km^2,其监督难度可想而知。

2.4.3　环保监测技术落后,环保检查程序有误、检查成本高

内部监督方面,对于追求利润最大化的企业而言,要依靠企业自

行监督并减污的难度很大。外部监督方面，我国环保监测技术落后和检查工作的程序问题都影响了环保监督效果。

在环保监测方面，监测技术水平落后是环保监测难以发挥应有作用的主要原因。我国虽然已形成以国家环境监测总站为中心，遍布全国的环保监测网络，但我国环保监测仪器多是中小企业生产的中、低档产品，技术水平较低，种类少，故障率高，寿命短，导致监测频次低、采样误差大、监测数据不准，无法及时反映企业排污情况，严重影响了环保监管决策的科学性和执法的严肃性，挫伤企业环保积极性。例如，污染源排放在线监测系统对高湿、高温、高颗粒物含量等导致的测量问题至今没能解决，烟尘在线自动监测系统还是空白，极大限制了烟尘总量控制制度实施。因此，我国目前环保监测仪器基本都是引进国外的技术和设备，尤其是大精仪器和自动监测系统。但是，引进的设备往往与中国具体实际情况不相符，数据采集、远程控制与诊断方面与实际要求有差距，同样影响了环保监测实施效果。

在环境检查方面，我国各地区虽然已经建立起专门的检查队伍，且以定期或不定期的方式检查企业的排污情况。但检查过程中需要先与企业的相关人员取得联系，并在采样后由企业负责人签字确认。否则，企业就会不承认检查结果，并与检查部门发生纠纷，这种案例在我国已发生多起。但是，若事先通知了企业，企业有了防范，一些小企业设有内部控制开关，检查人员一到，企业就通过内部控制开关停止污染物排放，使得检查就失去了应有作用。

2.4.4　排污监管标准制定不科学，与实际差距大

(1) 环保监管标准法律地位不明

虽然我国环保监管标准体系包含的内容非常广泛，涉及大气、水、固体废弃物等领域，但环保监管标准只是一个技术标准，还没有上升到法律层面。因此，社会公众对环保监管标准的认知不足。此外，按照国际惯例，只有法律法规才具有强制性，标准只能具备推荐性、建议性，不存在强制性实施。尽管我国环保监管标准作为强制性标准在全社会实施，但从法律依据上而言是不充分的。

(2) 环保监管标准与实际差距较大

在实际环保监管中，很难从长远考虑来制订中远期的环保监管标准，这就使标准缺乏一定的前瞻性和预告性，无法起到引导作用。如现行的《建筑施工场界环境噪声排放标准》(GB 12523—2011)，该标准只适用于城市建筑施工期间，在施工场地产生的噪声，不适用于农村乡镇的建筑施工噪声。随着乡镇的建筑施工噪声扰民纠纷和投诉日益增多，环保部门在处理这些问题时，却找不到适合的环保监管标准来进行处理。

此外，实际技术水平与规制标准差距较大。监测技术水平方面，由于标准制定与现实不一致而导致有设备没标准或是有标准没设备的现象时有发生；企业治污技术水平方面，一些标准与企业现有治污技术不适应，有些过严，有些过宽。环保监管标准过严，企业技术上

做不到,也没有经济承受能力。环保监管标准过宽对环境保护的意义不大。

（3）环保监管的标准与国际水平差距较大

我国的环保监管标准不仅在指标上低于一些发达国家,而且在种类上与发达国家的差距也很大。

（4）量化规制方法少且不完善

我国对环境的量化规制以传统的直接方式为主,间接方法在全国范围内实施的仅排污收费及补贴两种,而且我国现有的排污收费与补贴方法在不同程度上存在缺陷。排污收费方面,首先,我国对企业征收的排污费以超标排污费为主,因此环境污染的外部成本不能完全内部化,也无法实现排污总量在污染源间的有效分配;其次,存在收费面不全、收费标准低等问题,削弱了政策实施效果。补贴政策方面,我国环保政策允许对重要污染源或者是执行重要环保政策有困难的企业进行补贴,帮其进行污染治理,补贴金额最高可达排污费总额的80%。补贴政策有效降低了企业治污成本并取得一定效果。但补贴政策也存在不足,首先是环保政策最基本原则为"谁污染,谁治理",补贴政策与该原则相冲突,污染者反而可以得到补贴,这对不污染或治污效果好的企业不公平;其次是补贴诱使企业偏好选用施工费用昂贵、运行费用低的设备,造成不必要的浪费。

2.4.5 环保监管体制不健全,环保部门监管受限

目前我国实施的环保监管体制是:环保部受国务院领导,地方环

保监管机构受同级政府和上级环保行政组织的双重领导;地方环保部门的一把手由当地政府任命,环保工作人员的工资由地方财政支付;环保监管部门在地方政府体系中的地位不高,导致其与其他政府部门协调进行规制的难度大;仅仅进行行政区域内的环保监管无法系统解决环保问题等,这些都加大了环保部门的监管难度,影响了环保监管绩效。

(1)地方政府的不当政绩观和干预过度

环保部门作为我国的环保监管主体,受本级地方政府和上级环保部门的双重领导,其环保监管活动受到双重指挥。加上环保部门的工资等由地方财政支付,自然就有向地方政府倾斜的动机和激励。在这种情况下,上级环保部门的职能往往受到"弱化"、地位被"矮化",表现为地方环保局长"立得住的顶不住,顶得住的立不住"的现象。

此外,地方政府的利益目标与环保局利益取向经常发生冲突,地方政府不仅追求环保目标,更重要的是追求经济发展目标。在以地区生产总值为中心的政绩考核体制下,地方政府更是以地区经济发展为目标,只顾追求地区生产总值增长。许多市、县分管工业的政府领导同时也分管环保,这就导致环保为经济增长让路的现象频频发生,"有增长、无发展"和"高增长、高污染"现象出现。一些地方政府甚至以牺牲环境和社会公众的健康为代价,忽视其环保的基本职责。

地方政府的不当政绩观和干预过度的另一个原因是,每届地方政府任期有限,而环保的成效至少需要5年才能看得到,那么,出于自身政绩的需要,地方政府领导就不会重视环境治理设施和环保基础设施建设,不会把大量精力放在投入大、见效慢、政绩少的工作上,而

83

是去关注本地中短期内的经济发展问题。一些经济发展比较落后的贫困地区,大部分的污染严重企业要么是政府财政收入大户,要么是地方领导招商引资成果,治理起来只能是睁一眼闭一眼。一些地方领导为了急于摆脱贫困而"饥不择食",只要是能赚钱的项目都会引进,甚至是违法违规审批、建设一些污染环境、破坏生态的项目。西部地区的一些地方领导甚至是提出"宁可呛死,不能饿死",为了经济发展而强行干预环保部门的监管工作。

基层环保局人员在地方政府的过度干预下,即使想把环保抓好,也会因地方政府的阻挠而放弃。一些基层环保监管执法人员有三"不敢查":重点保护企业不敢查,开发区不敢查,领导不点头的不敢查。结果是一些地方的生态环境边治理边破坏,治理没有破坏快,环境质量日益恶化。

84

(2)跨行政区监管协调难

我国是按行政区划进行环保监管,这种体制极易导致"搭便车"现象。由于环境具有公共物品特征,在某个区域发生的环保问题往往不只是给该地域产生影响,还会波及其他地区。如在河流中游进行截流会导致下游缺水,上游地区的排污导致全流域污染,当上游地区和中下游地区属于不同行政区时,跨行政区环保监管和协调不是地方政府能够做到的,需要更高一级的政府跨区域协调和管理。因此,现行的分割的行政体制使得"跨界污染"上出现谁都需要治理但谁都不治理的现象,从而导致环境污染得不到治理。

(3)环保监管主管部门环境协调能力有限

我国环保监管实行的是各级环保部门主抓、其他部门协调进行规制的体制。虽然环保部拥有宏观协调权和微观的协调权,但土地、农业、林业、水利、公安及交通等部门也有防止环境污染以及对保护资源实施监督管理的职责。不同职能部门的利益不同,这就使得环保监管政策的制定及执行过程成为复杂的利益和权力划分的过程。造成在环境执法之前,首先考虑部门利益,有利益争着管,无利或利少不愿管,各部门间争权夺利现象时有发生。

(4)环保监管法律对地方政府约束不足

我国的环保法律实体法大多是针对企业环保违法行为制定的,对环保监管者的约束很少涉及;程序法方面涉及环保监管者的数量也不多,且内容较为简略、松散和凌乱。以水污染防治监督管理为例,《水污染防治法》规定:环保监管人员"滥用职权、玩忽职守、徇私舞弊的,由其所在单位或者上级主管机关给予行政处分",但在《水污染防治法实施细则》却没有作出具体的可操作性规定,有法也难以实施。

第 3 篇
中小企业
不完全环保规制

第3章 不完全规制对中小企业排污行为的影响机理研究

自20世纪70年代起,世界各国先后成立了环保机构对企业生产经营活动进行越来越严格的环保规制。然而,各国的实践表明,由于法律、经济及技术等方面的原因,对大型企业进行严格的环保规制还能够做到,但要对经济体系中数量庞大、分布分散的中小企业进行相同严格程度的规制几乎是不可能的。换言之,事实上不是所有的企业都受到政府相同环保政策的规制。

对不同企业实施严格程度不同的规制现象被称为不完全规制(incomplete regulation),或规制分层(regulatory tiering)。在不完全环保规制下,被规制企业的成本相对于没有被规制企业的成本有所提高。这时,若未被规制企业的产品可以完全替代被规制企业的产品,未被规制企业就会因成本优势而获得更多市场需求而提高产品产量。其结果是,未被规制企业所增加的污染物排放量部分或完全抵消了被规制企业所减少的污染物排放量,甚至可能因未被规制企业的排污强度更大而超过排污减少量。换言之,在某种程度上政府的不完全规制实际上增加了环境污染,这种效应即"排放漏出"。

　　本章将从不完全环保规制的角度,既分析政府对被规制对象(大型企业)分别采取排污税和补贴这两种典型的经济激励型规制措施,又分析对未被规制对象(中小企业)排污策略是否存在影响,以及影响的大小、方向及机理,为政府通过对大型企业环保规制措施的优化,实现规制中小企业排污行为的目的提供决策依据。

3.1　收取排污税的影响机理

3.1.1　排污税的不完全规制

　　某地区有 N 家生产同质产品的企业在市场上展开竞争,企业 $i(i=1,2,\cdots,N)$ 是产品价格的接受者,仅在产量上展开竞争,同时,要素市场也是完全竞争的。企业 i 产量和污染物排放量分别为 q_i 和 E_i,则总产量和污染物排放总量分别为 $Q=\sum_{i=1}^{N}q_i$ 和 $E=\sum_{i=1}^{N}E_i$。产品市场的需求函数为 $P=a-bQ$。企业 i 的边际生产成本为 $C_i'(q_i)=c_i$,其中,c_i 为常数。企业 i 的污染排放量为其产品产量的关系为 $E_i=e_iq_i$,其中,e_i 为排污系数,e_i 为常数。

　　由于法律、经济及技术等方面的原因,政府决定采取对部分企业征收排污税的方式进行不完全环保规制,且征税标准为每单位污染征税 τ。本章以状态变量 d_i 表示企业 $i(i=1,2,\cdots,N)$ 是否受到环保政策规制,若企业 i 被政府征收了排污税,则 $d_i=1$,否则,$d_i=0$。

　　由此可得,企业 $i(i=1,2,\cdots,N)$ 的利润为:

$$\pi_i = P\left(q_i, \sum_{j \neq i}^{N} q_j\right) q_i - c_i q_i - d_i \tau(e_i q_i - A_i), i = 1, 2, \cdots, N \quad (3.1)$$

其中，A_i 为企业 $i(i = 1, 2, \cdots, N)$ 获得的初始排放量水平。

企业 $i(i = 1, 2, \cdots, N)$ 的决策目标是通过产品产量 q_i 的制定实现利润 π_i 最大化，求解 $\partial \pi_i / \partial q_i = 0$ 可得：

$$a - bQ - bq_i = c_i + d_i \tau e_i, i = 1, 2, \cdots, N \quad (3.2)$$

即

$$q_i = \frac{a - bQ - c_i - d_i \tau e_i}{b}, i = 1, 2, \cdots, N \quad (3.3)$$

对式(3.2)求和可得均衡时所有企业的产量之和为：

$$Q^* = \frac{1}{(N + 1)b}\left(Na - \sum_{i=1}^{N} c_i - \tau \sum_{i=1}^{N} d_i e_i\right) \quad (3.4)$$

将式(3.4)代入式(3.2)，可得均衡时企业 $i(i = 1, 2, \cdots, N)$ 的产量：

$$q_i^* = \frac{a + \sum_{j=1}^{N}(c_j + \tau d_j e_j) - (N + 1)(c_i + \tau d_i e_i)}{(N + 1)b}, i = 1, 2, \cdots, N$$

$$(3.5)$$

本章将排放漏出定义为：不完全规制下未被规制企业的排放量与其在政府不规制下的排放量之差。则排放漏出为：

$$L = \sum_{i=1}^{N}\left\{(1 - d_i)e_i\left[q_i^* - q_i^*(d_{j=1,2,\cdots,N} = 0)\right]\right\}$$

$$= \frac{1}{(N + 1)b}\sum_{i=1}^{N}\left[(1 - d_i)e_i \tau \sum_{j=1}^{N} d_j e_j\right] - \frac{1}{b}\sum_{i=1}^{N}\left[(1 - d_i)d_i e_i^2 \tau)\right]$$

$$(3.6)$$

因无论 $d_i = 1$ 或 $d_i = 0$，式(3.6)中 $\frac{1}{b}\sum_{i=1}^{N}\left[(1 - d_i)d_i e_i^2 \tau(N + 1)\right] = 0$，

则排放漏出 L 为:

$$L = \frac{1}{(N+1)b} \sum_{i=1}^{N} \left[(1 - d_i) e_i \tau \sum_{j=1}^{N} d_j e_j \right] \tag{3.7}$$

不失一般性,令被规制和未被规制企业的数量分别为 N_1 和 N_0,其平均排污系数分别为 $\overline{e_1} = \frac{1}{N_1} \sum_{i=1}^{N} d_i e_i$ 和 $\overline{e_0} = \frac{1}{N_0} \sum_{i=1}^{N} (1 - d_i) e_i$,则式(3.7)可写为:

$$L = \frac{\tau}{(N+1)b} \sum_{i=1}^{N} (1 - d_i) e_i N_1 \overline{e_1} = \frac{N_1 N_0}{(N+1)b} \tau \overline{e_1}\, \overline{e_0} \tag{3.8}$$

3.1.2　排污税对中小企业排污策略的影响机理

由式(3.8)可得结论 3.1 如下。

结论 3.1:被规制企业平均排污系数的增加(减少)会导致排放漏出的增加(减少)。

证明:求排放漏出关于被规制企业平均排污系数的一阶偏导数可得, $\frac{\partial L}{\partial e_1} = \frac{N_1 N_0}{(N+1)b} \tau \overline{e_0} > 0$,因此,排放漏出为被规制企业平均排污系数的严格递增函数,即被规制企业平均排污系数的增加(减少)会导致排放漏出的增加(减少)。结论 3.1 证毕。

结论 3.1 说明,当其他条件不变时,被规制企业采取降低排污系数的措施,可以间接影响未被规制企业,导致其减少排放。

被规制企业降低排污系数导致未被规制企业减少排放量的影响机理是,被规制企业降低排污系数,就可以降低上交的排污税,进而降低其产品成本,就能提高其产品的销量和市场占有率,结果导致未被规制企业的产品产量下降和污染物排放量的减少。

结论 3.2：未被规制企业的平均排污系数的增加（减少）会导致排放漏出的增加（减少）。

证明：求排放漏出关于未被规制企业平均排污系数的一阶偏导数可得，$\dfrac{\partial L}{\partial \overline{e_0}} = \dfrac{N_1 N_0}{(N+1)\,b}\,\tau\,\overline{e_1} > 0$，因此，排放漏出为未被规制企业平均排污系数的严格递增函数，即未被规制企业平均排污系数的增加（减少）会导致排放漏出的增加（减少）。结论 3.2 证毕。

结论 3.2 表明，未被规制企业采取措施降低排污率可以减少污染物排放量。

结论 3.3：排污税率的增加（减少）会导致排放漏出的增加（减少）。

证明：求排放漏出关于排污税率的一阶偏导数可得，$\dfrac{\partial L}{\partial \tau} = \dfrac{N_1 N_0}{(N+1)\,b}\,\overline{e_1}\,\overline{e_0} > 0$，因此，排放漏出为排污税率的严格递增函数，即排污税率的增加（减少）会导致排放漏出的增加（减少）。结论 3.3 证毕。

结论 3.3 与直观感觉有一定差异。一般来说，直观感觉是采取增加排污税率的方式应该会促使企业减排。但是，结论 3.3 表明，在不完全规制下，排污税率的增加只是降低了被规制企业的排放量，但增加了未被规制企业的排放量。

排污税率的增加导致未被规制企业排放量增加的影响机理是，排污税率的增加导致被规制企业的边际生产成本上升，产品产量下降，进而使得未被规制企业的产量上升，最终导致未被规制企业的排放量上升。

结论 3.4：产业的整合会降低排放漏出。

证明：不失一般性，命 m 为产业整合所导致的企业减少的数量，则可得：$\dfrac{N_1 N_0}{(N+1) b} \tau \overline{e_1}\, \overline{e_0} > \dfrac{(N_1-m) N_0}{(N+1-m) b} \tau \overline{e_1}\, \overline{e_0}$ 和 $\dfrac{N_1 N_0}{(N+1) b} \tau \overline{e_1}\, \overline{e_0} > \dfrac{N_1(N_0-m)}{(N+1-m) b} \tau \overline{e_1}\, \overline{e_0}$。

因此，无论是被规制企业进行整合还是未被规制企业进行整合，都可以减少未被规制企业的排放漏出。结论 3.4 证毕。

结论 3.4 表明，通过产业整合，减少企业数量可以降低未被规制企业的排污量。其影响机理为，当通过产业整合减少企业数量后，整个产品市场上的竞争激励程度下降，企业的垄断地位得到提高，整个行业的企业就更愿意降低产品产量，以提高产品价格和最终利润，其结果是未被规制企业的产品产量和排污量都有所降低。

3.1.3　不同规制模式的效果比较

本节对政府完全不规制、完全规制和不完全规制三种规制模式下的产出均衡和污染物排放的情况作出比较。

机制 1：完全不规制，即对所有企业 $i(i=1,2,\cdots,N)$ 都不进行规制，所有 $d_i=0$，以上标 B 表示。

机制 2：完全规制，即对所有企业 $i(i=1,2,\cdots,N)$ 都进行规制，所有 $d_i=1$，以上标 COM 表示。

机制 3：不完全规制，以上标 INC 表示。

结论 3.5：三种规制机制下均衡时的行业总产量关系为：$Q^B > Q^{INC} > Q^{COM}$。

证明：由式（3.4）可知，完全不规制下，均衡时的行业总产量为

$$Q^B = \frac{1}{(N+1) b}\left(Na - \sum_{i=1}^{N} c_i - \tau \sum_{i=1}^{N} d_i e_i\right) = \frac{1}{(N+1) b}\left(Na - \sum_{i=1}^{N} c_i\right)$$

完全规制下，均衡时的行业总产量为：

$$Q^{COM} = \frac{1}{(N+1)b}\left(Na - \sum_{i=1}^{N} c_i - \tau \sum_{i=1}^{N} d_i e_i\right)$$

$$= \frac{1}{(N+1)b}\left(Na - \sum_{i=1}^{N} c_i - \tau \sum_{i=1}^{N} e_i\right)$$

不完全规制下,均衡时的行业总产量为:

$$Q^{INC} = \frac{1}{(N+1)b}\left(Na - \sum_{i=1}^{N} c_i - \tau \sum_{i=1}^{N} d_i e_i\right)$$

由于 $Na - \sum_{i=1}^{N} c_i > Na - \sum_{i=1}^{N} c_i - \tau \sum_{i=1}^{N} d_i e_i > Na - \sum_{i=1}^{N} c_i - \tau \sum_{i=1}^{N} e_i$,
因此,$Q^B > Q^{INC} > Q^{COM}$。结论 3.5 证毕。

结论 3.5 表明,当政府进行规制时,哪怕只有一家企业被规制,因排污税率 $\tau > 0$,企业的平均成本上升,均衡时的总产量就会下降,随着被规制企业的增加,均衡总产量也会不停下降,当所有企业都被规制时,均衡产量达到最低值。

结论 3.6:3 种机制下,当行业内企业数量 N 足够大,满足 $N > \dfrac{\overline{e_1}^2}{\overline{e}\,\overline{e_1} - \overline{e_1}^2}$ 或 $N > \dfrac{\overline{e_0}^2}{\overline{e}\,\overline{e_0} - \overline{e_0}^2}$ 时,均衡时的污染物总排放量存在以下关系。

①若未被规制企业的平均排污系数大于被规制企业的平均排污系数,即 $\overline{e_0} > \overline{e_1}$,不完全规制的总排放量将超过完全不规制时的总排放量。

②若未被规制企业的平均排污系数小于被规制企业的平均排污系数,即 $\overline{e_0} < \overline{e_1}$,完全规制的总排放量将超过不完全规制的总排放量。

证明:不失一般性,令 $\overline{e} = \dfrac{1}{N}\sum_{i=1}^{N} e_i$,$\overline{e_1}^2 = \dfrac{1}{N_1}\sum_{i=1}^{N} d_i \overline{e_i}^2$ $\overline{e_0}^2 = \dfrac{1}{N_0}\sum_{i=1}^{N}(1 - d_i)\overline{e_i}^2$,则可得:

①要使不完全规制下的总排放量超过完全不规制时的总排放量,即下式成立:

$$\sum_{i=1}^{N} e_i \left[\frac{a + \sum_{j=1}^{N} (c_i + \tau d_j e_j) - (N+1)(c_i + \tau d_i e_i)}{(N+1)b} \right] >$$

$$\sum_{i=1}^{N} e_i \left[\frac{a + \sum_{j=1}^{N} c_j - (N+1)c_i}{(N+1)b} \right]$$

即 $\sum_{i=1}^{N} e_i \left[\sum_{j=1}^{N} \tau d_j e_j - (N+1)\tau d_i e_i \right] > 0$，需要满足：$\dfrac{\overline{e_1}^2}{\overline{e}\,\overline{e_1}} < \dfrac{N}{N+1}$。

由 $\overline{e_0} > \overline{e_1}$ 可得 $\overline{e} > \overline{e_1}$，$\dfrac{\overline{e_1}^2}{\overline{e}\,\overline{e_1}} < \dfrac{\overline{e_1}^2}{\overline{e_1}^2} < 1$，因此，当行业内企业数量 N 足够

大，满足 $N > \dfrac{\overline{e_1}^2}{\overline{e}\,\overline{e_1} - \overline{e_1}^2}$ 时，$\dfrac{\overline{e_1}^2}{\overline{e}\,\overline{e_1}} < \dfrac{N}{N+1}$ 成立。换言之，不完全规制下的总排

放量超过完全不规制时的总排放量。

②要使完全规制下的总排放量超过不完全规制下的总排放量，
即下式成立：

$$\sum_{i=1}^{N} e_i \frac{a + \sum_{i=1}^{N} (c_i + \tau e_i) - (N+1)(c_i + \tau e_i)}{(N+1)b} >$$

$$\sum_{i=1}^{N} e_i \frac{a + \sum_{i=1}^{N} (c_i + \tau d_i e_i) - (N+1)(c_i + \tau d_i e_i)}{(N+1)b}$$

需满足：$\dfrac{\overline{e_0}^2}{\overline{e}\,\overline{e_0}} < \dfrac{N}{N+1}$。

由 $\overline{e_0} < \overline{e_1}$ 可得 $\overline{e} > \overline{e_0}$，$\dfrac{\overline{e_0}^2}{\overline{e}\,\overline{e_0}} < \dfrac{\overline{e_0}^2}{\overline{e_0}^2} < 1$，因此，当行业内企业数量 N 足够

大，满足 $N > \dfrac{\overline{e_0}^2}{\overline{e}\,\overline{e_0} - \overline{e_0}^2}$ 时，$\dfrac{\overline{e_0}^2}{\overline{e}\,\overline{e_0}} < \dfrac{N}{N+1}$ 成立。换言之，完全规制下的总排放

量超过不完全规制下的总排放量。

结论 3.6 证毕。

结论 3.6 表明,行业内企业数量较大时(现实中,有中小企业参与的行业,其行业内的企业总量一般都非常大),若未被规制企业的平均排污系数大于被规制企业的平均排污系数,不完全规制的总排放量将超过完全不规制时的总排放量;若未被规制企业的平均排污系数小于被规制企业的平均排污系数,完全规制的总排放量将超过不完全规制的总排放量。当然,在现实中,由于被规制企业一般在行业中的规模较大,生产工艺和技术较好,排污率本来就较低,加之受到排污税的压力,会增加环保投入来降低排污系数,因此,被规制企业的平均排污系数一般都低于未被规制企业的平均排污系数。

现实中绝大多数情况下,行业内因大量中小企业的存在,行业中企业众多,政府一般选择规模较大的企业进行不完全规制,由于这些被规制企业的排污系数较低,因此,通过不完全规制使得被规制企业减少的污染物排放量,低于未被规制企业因此增加的污染物排放量。其政策含义是,如果政府仅对行业内部分规模较大企业进行排污税规制,将导致整个行业的排污量增加,因此,政府应该加强对中小企业的环保监管。

3.2　产量补贴的影响机理

3.2.1　产量补贴的不完全规制

与排污税的不完全规制相同,本节同样考虑某地区有 N 家生产同质产品的企业在市场上展开竞争,企业 $i(i=1,2,\cdots,N)$ 是产品价格的接受者,仅在产量上展开竞争,同时,要素市场也是完全竞争的。
企业 i 产量和污染物排放量分别为 q_i 和 E_i,则总产量和污染物排放总
量分别为 $Q = \sum_{i=1}^{N} q_i$ 和 $E = \sum_{i=1}^{N} E_i$。产品市场的需求函数为 $P = a - bQ$。
企业 i 的边际生产成本为 $C_i'(q_i) = c_i$,其中,c_i 为常数。企业 i 的污染
排放量为其产品产量的关系为 $E_i = e_i q_i$,其中,e_i 为单位产品的边际污
染排放量,e_i 为常数。

　　本节考虑政府对企业污染物排放的规制措施是采取产量补贴的
方式,其规制措施为:对低于政府规定产量水平的产量部分进行补贴
(Israel Finkelshtain 和 Yoav Kislev,2004)。政府规定被规制企业 i 的
产量水平为 q_i^*,企业实际产量为 q_i,政府补贴标准为对每单位产量减
少补贴 s(对所有企业的补贴标准相同),则企业 i 所获补贴为:
$s(q_i^* - q_i)$。同样,本节继续采用状态变量 d_i 表示企业是否被政府规
制,若被政府进行了补贴,则 $d_i = 1$,否则,$d_i = 0$。

　　由此可得,在产量补贴的不完全规制,企业 $i(i = 1, 2, \cdots, N)$ 的利
润为:

$$\pi_i = P\left(q_i, \sum_{j \neq i}^{N} q_j\right) q_i - c_i q_i + d_i s(q_i^* - q_i), i = 1, 2, \cdots, N \quad (3.9)$$

　　同样,企业 $i(i = 1, 2, \cdots, N)$ 的决策目标是通过产量 q_i 的选择来
最大化利润 π_i。求解 $\dfrac{\partial \pi_i}{\partial q_i} = 0$ 可得:$q_i = \dfrac{a - bQ - c_i - d_i s}{b}$。因 $Q = \sum_{i=1}^{N} q_i$,可
解得均衡时行业内所有企业的产量之和为:

$$Q^* = \frac{1}{(N+1)b}\left(Na - \sum_{i=1}^{N} c_i - s\sum_{i=1}^{N} d_i\right) \quad (3.10)$$

$$q_i^* = \frac{a + \sum_{j=1}^{N}(c_j + sd_j) - (N+1)(c_i + sd_i)}{(N+1)b} \quad (3.11)$$

由此可得,排放漏出为:

$$L = \frac{1}{(N+1)b} \sum_{i=1}^{N} \left[(1-d_i)e_i s \sum_{j=1}^{N} d_j \right] - \frac{1}{b} \sum_{i=1}^{N} \left[(1-d_i)d_i s \right]$$

(3.12)

由于无论 $d_i = 1$ 或 $d_i = 0$,式(3.12)中 $\frac{1}{b} \sum_{i=1}^{N} \left[(1-d_i)d_i s \right] = 0$,因此,排放漏出 L 为:

$$L = \frac{1}{(N+1)b} \sum_{i=1}^{N} \left[(1-d_i)e_i s \sum_{j=1}^{N} d_j \right]$$

(3.13)

同样,命被规制和未被规制企业的数量分别为 N_1 和 N_0, $\overline{e_1} = \frac{1}{N_1} \sum_{i=1}^{N} d_i e_i$ 和 $\overline{e_0} = \frac{1}{N_0} \sum_{i=1}^{N} (1-d_i)e_i$ 分别代表被规制和未被规制企业的平均排污系数,则排放漏出可以表示为:

$$L = \frac{N_1 N_0 \overline{e_0} s}{(N+1)b}$$

(3.14)

3.2.2　产量补贴对中小企业排污策略的影响机理

结论 3.7:未被规制企业平均排放量率的增加(减少)会导致排放漏出的增加(减少)。

证明:求排放漏出关于未被规制企业平均排污系数的一阶偏导数可得 $\frac{\partial L}{\partial e_1} = \frac{N_1 N_0 s}{(N+1)b} > 0$,因此,排放漏出为未被规制企业平均排污系数的严格递增函数,即未被规制企业平均排污系数的增加(减少)会导致排放漏出的增加(减少)。结论 3.7 证毕。

结论 3.7 表明,未被规制企业采取措施降低排污率可以减少污染物排放量。

结论 3.8:产业整合会降低排放漏出。

证明:不失一般性,命 m 为产业整合所导致的企业减少的数量,

则可得:$\dfrac{N_1 N_0 s \overline{e_0}}{(N+1) b} > \dfrac{(N_1-m) N_0 s \overline{e_0}}{(N+1-m) b}$ 和 $\dfrac{N_1 N_0 s \overline{e_0}}{(N+1) b} > \dfrac{N_1 (N_0-m) s \overline{e_0}}{(N+1-m) b}$。因此,无

论是被规制企业进行整合还是未被规制企业进行整合,都可以减少

未被规制企业的排放漏出。结论 3.8 证毕。

结论 3.8 与排污税的不完全规制相同。

结论 3.9:政府补贴系数 s 的增加(减少)会导致排放漏出的增加

(减少)。

证明:求排放漏出关于政府补贴系数 s 的一阶偏导数可得,$\dfrac{\partial L}{\partial s} =$

$\dfrac{N_1 N_0 \overline{e_0}}{(N+1) b} > 0$,因此,排放漏出为政府补贴系数的严格递增函数,即政府

补贴系数 s 的增加(减少)会导致排放漏出的增加(减少)。结论 3.9

证毕。

结论 3.9 表明,当政府提高对企业减产的补贴时,未被规制企业

的排污量会随之增加。

政府单位产量补贴的增加导致排放漏出增加的影响机理为,当

被规制企业受到政府提高补贴激励而提高减产量和排污量时,其原

有的市场就会被未被规制企业所占有,即未被规制企业将增加产量,

从而增大排污量。

结论 3.10:被规制企业排污效率的改善对排放漏出没有影响。

证明:由(3.14)可以看出,排放漏出与被规制企业的排污效率 $\overline{e_1}$

无关,因此,被规制企业的排污效率的改善对排放漏出没有影响。结

论 3.10 证毕。

结论 3.10 表明，被规制企业排污效率的改善对未被规制企业的排污行为没有影响。这主要是因为政府的补贴措施是根据企业产品产量而不是排污量决定，若被规制企业提高产量将导致政府补贴减少，若减少产量又会减少市场和利润。所以，被规制企业不会因排污率的降低而改变产量，其结果是，未被规制企业的产品产量和污染物排放量决策也不会发生改变。

3.2.3　不同规制模式的效果比较

本节对政府完全不规制、完全规制和不完全规制等三种规制模式下的产出均衡和污染物排放的情况作出比较。

机制 1：完全不规制，即对于所有企业 $i(i=1,\cdots,N)$ 都不进行规制，所有 $d_i=0$，以上标 B 表示。

机制 2：完全规制，即所有企业 $i(i=1,\cdots,N)$ 都进行规制，所有 $d_i=1$，以上标 COM 表示。

机制 3：不完全规制，以上标 INC 表示。

结论 3.11：三种规制机制下均衡时的行业总产量关系为：$Q^B > Q^{INC} > Q^{COM}$。

证明：由（3.10）式可知，完全不规制下，均衡时的行业总产量为：

$$Q^B = \frac{1}{(N+1)b}\left(Na - \sum_{i=1}^{N} c_i - s\sum_{i=1}^{N} d_i\right) = \frac{1}{(N+1)b}\left(Na - \sum_{i=1}^{N} c_i\right)$$

这与收取排污税的规制方式时相同。

完全规制下，均衡时的行业总产量为：

$$Q^{COM} = \frac{1}{(N+1)b}\left(Na - \sum_{i=1}^{N} c_i - s\sum_{i=1}^{N} d_i\right) = \frac{1}{(N+1)b}\left(Na - \sum_{i=1}^{N} c_i - s\right)$$

不完全规制下，均衡时的行业总产量为：

$$Q^{INC} = \frac{1}{(N+1)b}\left(Na - \sum_{i=1}^{N} c_i - s\sum_{i=1}^{N} d_i\right)$$

由于 $Na - \sum_{i=1}^{N} c_i > Na - \sum_{i=1}^{N} c_i - s\sum_{i=1}^{N} d_i > Na - \sum_{i=1}^{N} c_i - s$，因此，$Q^B >$ $Q^{INC} > Q^{COM}$。结论 3.11 证毕。

结论 3.11 与结论 3.5 相同，表明产量补贴措施下的均衡总产量与排污税规制措施下的总产量相同，都是完全不规制下的总产量最大，完全规制下的总产量最小，不完全规制下的产量居中。

结论 3.12：三种机制下，当行业内企业数量 N 足够大，满足 $N >$ $\dfrac{\overline{e_1}}{e - \overline{e_1}}$ 或 $N > \dfrac{\overline{e_0}}{e - \overline{e_0}}$ 时，污染物的总排放量存在以下关系：

①若未被规制企业的平均排污系数大于被规制企业的平均排污系数，即 $\overline{e_0} > \overline{e_1}$，不完全规制的总排放量超过完全不规制时的污染物总排放量。

②若未被规制企业的平均排污系数小于被规制企业的平均排污系数，即 $\overline{e_0} < \overline{e_1}$，完全规制的总排放量将超过不完全规制的污染物总排放量。

证明：完全不规制下的总排污量为

$$E^B = \sum_{i=1}^{N} e_i \frac{a + \sum_{j=1}^{N} c_j - (N+1)c_i}{(N+1)b}$$

完全规制下的总排污量为

$$E^{COM} = \sum_{i=1}^{N} e_i \frac{a + \sum_{j=1}^{N} (c_j + s) - (N+1)(c_i + s)}{(N+1)b}$$

不完全规制下的总排污量为

$$E^{INC} = \sum_{i=1}^{N} e_i \frac{a + \sum_{j=1}^{N} (c_j + sd_j) - (N+1)(c_i + sd_i)}{(N+1)b}$$

要使不完全规制下的总排污量大于完全不规制下的总排污量,即

$E^{INC} > E^B$,必须满足:$\sum_{i=1}^{N} e_i \dfrac{a + \sum_{j=1}^{N} (c_j + sd_j) - (N+1)(c_i + sd_i)}{(N+1)b} >$

$\sum_{i=1}^{N} e_i \dfrac{a + \sum_{j=1}^{N} c_j - (N+1)c_i}{(N+1)b}$,化简可得:$\dfrac{\overline{e_1}}{\overline{e}} < \dfrac{N}{N+1}$。

因此,当行业内企业数量 N 足够大,满足 $N > \dfrac{\overline{e_1}}{e - e_1}$ 时,$\dfrac{\overline{e_1}}{\overline{e}} < \dfrac{N}{N+1}$,即

不完全规制的总排放量超过完全不规制时的污染物总排放量。

要使完全规制下的排污量大于不完全规制下的排污量,即

$E^{COM} > E^{INC}$,必须满足:$\sum_{i=1}^{N} e_i \dfrac{a + \sum_{j=1}^{N} (c_j + s) - (N+1)(c_i + s)}{(N+1)b} >$

$\sum_{i=1}^{N} e_i \dfrac{a + \sum_{j=1}^{N} (c_j + sd_j) - (N+1)(c_i + sd_i)}{(N+1)b}$。化简可得:$\dfrac{\overline{e_0}}{\overline{e}} < \dfrac{N}{N+1}$。

因此,当行业内企业数量 N 足够大,满足 $N > \dfrac{\overline{e_0}}{e - e_0}$ 时,$\dfrac{\overline{e_0}}{\overline{e}} < \dfrac{N}{N+1}$,即

完全规制的总排放量将超过不完全规制的污染物总排放量。

结论 3.12 证毕。

结论 3.12 与结论 3.6 的政策含义基本相同,如果政府仅对行业内部分规模较大企业进行产量补贴规制,将反而导致整个行业的排污量增加,因此,政府应该需要加强对中小企业的环保监管。

3.3　仿真分析

本部分以政府采取排污税规制措施为例,通过仿真分析对本章研究结论进行印证。

由于水泥行业是我国工业系统中粉尘排放的头号大户(占总排放量的 1/4),因此,本部分以比较偏远的县域城市水泥行业的规制为代表。由于偏远县域城市的城市建设对水泥质量要求较低,因此,对该县而言,不同企业生产的水泥间无差别。此外,现实中,偏远县域城市的水泥行业是一个封闭行业,水泥的产、供、销等各个环节仅局限于该县域城市范围,其主要原因:一方面水泥等建材的售价中包括出厂成本和运输成本,由于我国偏远县域城市的运输条件不佳,运输成本较高,一般来说,每吨普通水泥出厂价格约两三百元,偏远市场的运费就可能达到 100 元/t(林少鸿和杨松涛,2004),因此,消费者出于成本考虑,会选择本地水泥企业。另一方面,当地政府出于本地经济发展的考虑,会对本地企业进行保护,导致外地企业的进入壁垒。

考虑该县域城市原有两个水泥生产企业,分别记为企业 2、企业 3。这两个水泥企业建立时间较早,采用旧的生产技术和方法,产品的单位生产成本和排污系数都比较高。企业 2 的单位生产成本和排污系数分别 $c_2 = 4$ 和 $e_2 = 4$,企业 3 的单位生产成本和排污系数分别为 $c_3 = 5$ 和 $e_3 = 4$。此外,该县域城市新办了一个水泥企业,记为企业 1。企业 1 成立时间较晚,采用了较先进技术,单位生产成本和排污系数都有所降低,企业 1 的单位生产成本和排污系数分别为: $c_1 = 3$ 和 $e_1 =$

2。当地市场对水泥的反需求函数为：$P=80-Q$。

由式(3.5)可得政府完全不规制情况下(即 $\tau=0$)，均衡时的各企业最优产量分别为 $q_1^*=20,q_2^*=19,q_3^*=18$。由此可以看出，就规模而言，企业1规模最大，而企业2、3规模较小。

政府由于环保压力，决定对水泥行业进行环境规制，采取的措施为收取排污税，且收税标准为 $\tau=2$（由于政府赋予企业的初始排污量水平 A_i 对产量和排污量的均衡没有影响，故不予考虑）。

政府可以选择3种规制机制：完全不规制、完全规制和不完全规制。在不完全规制下，政府对企业1进行规制，企业2和企业3不进行规制。

由式(3.5)和 $E_i=e_iq_i$ 计算可得三种规制情况下的均衡产量和排污量见表3.1。

表3.1　不同规制模式下的排污量比较

		企业1	企业2	企业3
完全不规制	均衡产量	20	19	18
	排污量	40	76	72
	总产量	57		
	总排污量	188		
完全规制	均衡产量	21	16	15
	排污量	42	64	60
	总产量	52		
	总排污量	166		
仅规制企业1的不完全规制	均衡产量	17	20	19
	排污量	34	80	76
	总产量	56		
	总排污量	190		

由表 3.1 可以看出：

从均衡产量看,完全不规制下的总产量最大,为 57;完全规制下的总产量最小,为 52;不完全下的总产量为 56。具体到每个企业而言,完全规制使企业 1 的优势很明显,其产量不但没有减少,反而增加了 1,企业 2 和企业 3 都降低了 3。换言之,完全规制下,企业 1 的先进生产技术优势得到了发挥。在仅规制企业 1 的不完全规制下,企业 1 的产量降低了 3,企业 2 和企业 3 的产量都增加了 1,企业 1 的竞争力受到影响。

从排污量看,完全规制下的排污量最小,为 166;完全不规制下的排污量次之,为 188,仅规制企业 1 的不完全规制下的排污量最大,为 190,甚至超过了完全不规制下的排污量。换言之,政府采取收取排污税的不完全规制措施,希望减少企业污染物排放,改善环境,但由于其规制的是排污系数较低的企业,结果导致被规制企业减少的产量和市场基本都被未被规制的企业占领,而这些企业排污系数远高于被规制企业,生产相同数量的产品所排出的污染物远高于被规制企业,最终导致总排污量的增加。这就印证了本章的结论 3.6。

显然,进行环保规制还不如不进行环保规制的结果是政府和公众所不能接受的,当出现这种情况时,有必要通过进一步的措施改进环保规制的效果。一个通常的设想是加大排污税的收取标准 τ,但是,这只能使问题进一步恶化。

为了证明上述观点,接下来继续以仅对企业 1 进行不完全规制的情况,给出了行业总生产量及总排污量随排污税标准的变化情况,如图 3.1 和图 3.2 所示。

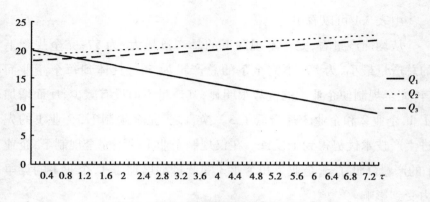

图 3.1　行业总产量随排污税的变化情况

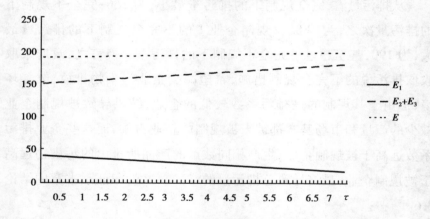

图 3.2　行业总排污量随排污税的变化情况

从图 3.1 可以看出,随着排污税标准提升,企业 1 的产量持续下降,企业 2 和企业 3 的产量持续上升。由图 3.2 可以看出,企业 1 由于受到规制,其排污量 E_1 持续下降,企业 2 和企业 3 则因产量的增加,总排放量 E_2+E_3 上升,总排放量 E 则因 E_2+E_3 的上升速度高于 E_1 的下降速度而呈缓慢上升的趋势。换言之,通过提高排污税收取标准的措施反而会提高行业排污量。

那么,当进行不完全规制反而会提高行业总排污量时,政府应如何改善政策的执行效果呢?本章建议至少将企业 2 和企业 3 中的一家纳入规制范围,以此改善规制效果。以将企业 2 纳入规制范围为例,由式(3.5)和 $E_i = e_i q_i$ 计算可得,对企业 1 和企业 2 进行不完全规制时,各企业均衡时的产量分别为:$q_1 = 19$,$q_2 = 14$,$q_3 = 21$,总产量为 54,各企业的污染物排放量分别为:$E_1 = 38$,$E_2 = 56$,$E_3 = 84$,总的排污量为 178,低于完全不规制下的排污总量 188。

　　通过以上分析可以看出,在一定条件,政府采取仅规制排污系数低的企业的不完全规制可能反而会导致更大的排污量,对此的有效解决办法是扩大规制范围,对排污系数高的企业也进行规制。

　　该结论的政策含义:①政府进行不完全规制时,应尽可能将一些高排污企业纳入规制范围;②当企业的排污系数降低到一定水平时,可以考虑放松对这些企业的规制,提高这些低排污企业的产量,挤占高排污企业的市场空间,降低其产品产量,从而降低其排污量,最终减少行业的总排污量。

第 4 章　不完全规制下的
中小企业环保激励机制

世界各国的实践表明,由于法律、经济及技术等方面的原因,对大型企业进行严格的环保规制还能够做到,但要对经济体系中数量庞大、分布分散的中小企业进行相同严格程度的规制几乎是不可能的。因此,各国政府更多的是采取不完全规制的措施,通过对规模较大企业的规制,影响未被规制的中小企业的排污策略。

本研究在第 3 章分析了政府实施不完全环保规制对未被规制的中小企业排污策略影响的大小、方向及机理。研究发现,当政府实施不完全环保规制时,若被规制企业选择不当,反而提高了未被规制企业的污染物排放量,且其增加的排污量高于被规制企业减少的排污量,结果导致整个行业的排污量提高。因此,政府在实施不完全环保规制时,必须要慎重选择进行规制的企业。

本章试图解决:①政府只能实施不完全规制时,应如何确定其重点规制对象;②政府应如何通过合理可行的环保监督处罚策略的设计,规范中小企业污染物治理和排放行为,防止其偷排行为。

4.1　政府环保监督背景

本章考虑市场上有 2 家生产同质产品的企业展开古诺产量竞争，且企业的要素市场是完全竞争市场。企业 $i(i=1,2)$ 的产量为 q_i，生产成本函数为 $C_i(q_i)=t_i+c_iq_i$，其中 t_i 为固定成本，c_i 为单位生产成本。产品市场的需求函数为 $P=a-bQ$，其中，$Q=q_1+q_2$ 为企业 1 和企业 2 的总产量。企业在产品生产过程中会产生一定的污染物，且企业 i 的污染物产生量 E_i 为其产量的线性函数，即 $E_i(q_i)=e_iq_i$，其中，e_i 为企业 i 的排污系数。污染物直接排放到环境中会造成环境破坏，因此，政府规定企业需将污染物治理达标后才能排放。若企业 i 按政府要求进行治污，将以 τ_i 的单位污染治理成本进行治理。由于企业 1 的生产规模更大，其采用的生产、污染控制和污染治理技术也更先进，表现为：$t_1>t_2$，$c_1<c_2$，$e_1<e_2$ 和 $\tau_1<\tau_2$。

由于受到规制成本和规制技术等因素的影响，政府无法对两个企业都进行环保规制，只能从两家企业中选择一家进行环保规制。本章将通过研究找出政府在不完全规制下应该选择的规制企业，并设计出合理可行的监督处罚策略，激励企业按政府要求治理污染物，防止其偷排行为。

4.2 不同规制模式下的环保激励机制

4.2.1 完全不规制下的企业排污策略

在完全不规制模式下,企业没有受到政府的环保规制,即使直接排放未经处理的污染物也不会受到惩罚。在这种情况下,作为"完全理性人"的企业以利润最大化目标就不会对污染物进行治理,即企业 $i(i=1,2)$ 的利润为:

$$\pi_{i1} = (a - bQ)\, q_{i1} - t_i - c_i q_{i1}, i = 1,2 \qquad (4.1)$$

分别求 $\partial \pi_{i1} / \partial q_{i1} = 0 (i = 1,2)$ 可得两家企业的产量为: $q_{11} = \dfrac{a-c_1}{2b} - \dfrac{q_{21}}{2}$ 和 $q_{21} = \dfrac{a-c_1}{2b} - \dfrac{q_{11}}{2}$。可以看出,两家企业的产量均与对方企业的产量相关,即为对方企业产量的反应函数。联立求解这两个反应函数可得完全不规制模式下的古诺均衡产量为:

$$\begin{cases} q_{11}^* = \dfrac{a + c_2 - 2c_1}{3b} \\[4mm] q_{21}^* = \dfrac{a + c_1 - 2c_2}{3b} \end{cases} \qquad (4.2)$$

该产品的总产量为:

$$Q_1^* = \dfrac{2a - (c_1 + c_2)}{3b} \qquad (4.3)$$

两家企业的利润分别为：

$$\begin{cases} \pi_{11}^* = \dfrac{(a + c_2 - 2c_1)^2}{9b - t_1} \\[3mm] \pi_{21}^* = \dfrac{(a + c_1 - 2c_2)^2}{9b - t_2} \end{cases} \tag{4.4}$$

污染物排放总量为：

$$TE_1 = \frac{e_1(a + c_2 - 2c_1) + e_2(a + c_1 - 2c_2)}{3b} \tag{4.5}$$

4.2.2　完全规制下的企业排污策略

在完全规制模式下，政府对所有企业进行监督，促使所有企业都必须治污达标后才可排放。则企业 $i(i = 1, 2)$ 的利润为：

$$\pi_{i2} = (a - bQ)q_{i2} - t_i - c_i q_{i2} - \tau_i e_i q_{i2}, i = 1, 2 \tag{4.6}$$

分别求 $\dfrac{\partial \pi_{i2}}{\partial q_{i2}} = 0(i = 1, 2)$ 可得两家企业的均衡产量为：

$$\begin{cases} q_{12}^* = \dfrac{a + c_2 - 2c_1 + \tau_2 e_2 - 2\tau_1 e_1}{3b} \\[3mm] q_{22}^* = \dfrac{a + c_1 - 2c_2 + \tau_1 e_1 - 2\tau_2 e_2}{3b} \end{cases} \tag{4.7}$$

该产品的总产量为：

$$Q_2^* = \frac{2a - (c_1 + c_2) - (\tau_1 e_1 + \tau_2 e_2)}{3b} \tag{4.8}$$

两企业的利润分别为：

$$
\begin{cases}
\pi_{12}^* = \dfrac{(a + c_2 - 2c_1 + \tau_2 e_2 - 2\tau_1 e_1)^2}{9b - t_1} \\[4mm]
\pi_{22}^* = \dfrac{(a + c_1 - 2c_2 + \tau_1 e_1 - 2\tau_2 e_2)^2}{9b - t_2}
\end{cases}
\tag{4.9}
$$

污染物排放总量为:

$$
TE_2 = 0 \tag{4.10}
$$

对比式(4.2)至式(4.10)可以看出,与完全不规制模式相比,完全规制模式下的商品供给量和企业利润均有所下降。换言之,消费者和企业共同为环保付出了代价。

4.2.3 不完全规制模式下的激励机制

在不完全规制模式下,政府有能力对其中一家企业排污行为进行完全监督,因此该企业必须将全部污染物治理后才能排放;而对于另一家企业,政府只能采取完全不监督其排污行为,或对其排污行为进行随机监督抽查,且对违规排污行为进行相应惩罚,以此激励其按政府要求治污排污。本节以下部分将对不同激励机制的效果进行分析。

(1)对部分企业不监督的不完全规制

在政府对部分企业不监督的不完全规制模式下,政府首先要决定是规制规模更大、技术更先进的企业1,还是技术落后、规模较小的企业2。

①只规制企业1

在政府只规制企业1的情况下,企业1和企业2的利润分别为:

$$
\begin{cases}
\pi_{13} = (a - bQ)q_{13} - t_1 - c_1 q_{13} - \tau_1 e_1 q_{13} \\[2mm]
\pi_{23} = (a - bQ)q_{23} - t_2 - c_2 q_{23}
\end{cases}
\tag{4.11}
$$

分别求 $\partial \pi_{i3} / \partial q_{i3} = 0 (i = 1, 2)$ 可得两家企业的均衡产量为：

$$\begin{cases} q_{13}^* = \dfrac{a + c_2 - 2c_1 - 2\tau_1 e_1}{3b} \\[3mm] q_{23}^* = \dfrac{a + c_1 - 2c_2 + \tau_1 e_1}{3b} \end{cases} \quad (4.12)$$

该产品的总产量为：

$$Q_3^* = \frac{2a - (c_1 + c_2) - \tau_1 e_1}{3b} \quad (4.13)$$

两企业的利润分别为：

$$\begin{cases} \pi_{13}^* = \dfrac{(a + c_2 - 2c_1 - 2\tau_1 e_1)^2}{9b - t_1} \\[3mm] \pi_{23}^* = \dfrac{(a + c_1 - 2c_2 + \tau_1 e_1)^2}{9b - t_2} \end{cases} \quad (4.14)$$

污染物排放总量为：

$$TE_3 = \frac{e_2(a + c_1 - 2c_2 + \tau_1 e_1)}{3b} \quad (4.15)$$

由此可得结论 4.1 如下。

结论 4.1：若政府只规制排污系数低的企业，对排污系数高的企业完全不规制，则不完全规制下的排污总量比完全不规制下的排污总量更高。

证明：对比式（4.5）和式（4.15）可以看出，当 $e_2 > (a + c_2 - 2c_1) / \tau_1$ 时，$TE_3 > TE_1$。结论 4.1 证毕。

结论 4.1 表明，若政府对排污系数高的企业的排污行为放任不管，将导致行业总排污量提高。其主要原因在于，政府只对排污系数低的企业进行规制，导致其产量和排污量减少。但是，由于没有监督排污系数高的企业，使其得以提高产量去满足排污系数低的企业减产而未能满足的市场需求,而其排污系数更高,相同产量下排污量也就更高,结果导致整个行业的排污总量上升。

结论 4.1 的政策含义:若政府实施不完全规制,不能仅对排污系数低的企业(一般是大型企业)进行规制,放任排污系数高的企业不管,否则将造成环境的更多破坏。

②只规制企业 2

在政府只规制企业 2 的情况下,采取以上分析方法求得企业 1 和企业 2 的均衡产量为:

$$
\begin{cases}
q'^{*}_{13} = \dfrac{a + c_2 - 2c_1 + \tau_2 e_2}{3b} \\[2mm]
q'^{*}_{23} = \dfrac{a + c_1 - 2c_2 - 2\tau_2 e_2}{3b}
\end{cases}
\tag{4.16}
$$

该产品的总产量为:

$$
Q'^{*}_3 = \frac{2a - (c_1 + c_2) - \tau_2 e_2}{3b}
\tag{4.17}
$$

污染物排放总量为:

$$
TE'_3 = \frac{e_1(a + c_2 - 2c_1 + \tau_2 e_2)}{3b}
\tag{4.18}
$$

由此可得结论 4.2 如下。

结论 4.2: 当行业内企业间排污系数差距较大,满足 $e_1 < 1 + \dfrac{(a+c_1-2c_2-\tau_2)e_2}{2c_1}$ 时,若政府只规制排污系数高的企业,对排污系数低的企业完全不规制,则不完全规制下的排污总量比完全不规制下的排污总量低。

证明:对比式(4.15)和式(4.18)可知,当 $e_1 < 1 + \dfrac{(a+c_1-2c_2-\tau_2)e_2}{2c_1}$

时,$TE_3'>TE_1$。结论 4.2 证毕。

结论 4.2 表明,若当行业内企业间排污系数差距较大时,政府只规制排污系数高的企业,对排污系数低的企业放任不管,有利于降低行业总排污量。其主要原因在于,政府只对排污系数高的企业进行规制,降低其产量和排污量,而由排污系数低的企业提高产量去满足排污系数高的企业减产而未能满足的市场需求,从而降低了整个行业的排污总量。

由于现实中政府能够实施严格规制的多是排污系数低的大型企业,而由结论 4.1 可知,若政府仅对排污系数低的企业,放任排污系数高的企业不管,将造成环境的更多破坏。因此,政府需要在对排污系数低的大型企业进行严格监督规制的基础上,对排污系数高的中小企业进行抽查,一旦发现有违规排放行为就进行处罚,以此规范其排污行为。

(2) 对部分企业抽查的不完全规制

由于现实中,规模大企业的排污系数一般较低,而规模大的企业更便于规制,因此,政府实施不完全机制时,一般都会对规模大的企业进行规制。故以下只研究政府规制企业 1,抽查企业 2 的情况。

不失一般性,进一步假设政府以 ξ 的概率对企业 2 的排污情况进行抽查,若发现其有违规排污行为就进行处罚。企业 2 则只对污染物的 γ 部分进行治理,即企业 2 的偷排概率为 $1-\gamma$,则企业 2 偷排被抓的概率为 $\xi(1-\gamma)$。政府可以采取两种方式对企业 2 的偷排行为进行处罚,一是固定处罚 T,二是按比例处罚,由于政府无法证实 γ,也就无法按其偷排量进行处罚,因此政府决定按其污染物产量给予 $\zeta e_2 q_2$ 的处罚,其中 ζ 为单位污染物的处罚金额。接下来分别分析两种处罚方式对企业 2 的生产、治污和排污决策的影响。

①固定处罚

固定处罚方式下,企业 1 和企业 2 的期望利润分别为:

$$\begin{cases} \pi_{14} = (a - bQ)q_{14} - t_1 - c_1 q_{14} - \tau_1 e_1 q_{14} \\ \pi_{24} = (a - bQ)q_{24} - t_2 - c_2 q_{24} - \gamma \tau_2 e_2 q_{24} - \xi(1 - \gamma)T \end{cases}$$

$$(4.19)$$

分别求 $\partial \pi_{i4} / \partial q_{i4} = 0 (i = 1, 2)$ 可得两家企业的均衡产量为:

$$\begin{cases} q_{14}^* = \dfrac{a + c_2 - 2c_1 + \gamma \tau_2 e_2 - 2\tau_1 e_1}{3b} \\ q_{24}^* = \dfrac{a + c_1 - 2c_2 + \tau_1 e_1 - 2\gamma \tau_2 e_2}{3b} \end{cases}$$

$$(4.20)$$

两家企业的利润分别为:

$$\begin{cases} \pi_{14}^* = \dfrac{(a + c_2 - 2c_1 + \gamma \tau_2 e_2 - 2\tau_1 e_1)^2}{9b - t_1} \\ \pi_{24}^* = \dfrac{(a + c_1 - 2c_2 + \tau_1 e_1 - 2\gamma \tau_2 e_2)^2}{9b - t_2 - \xi(1 - \gamma)T} \end{cases}$$

$$(4.21)$$

由此可得结论 4.3 如下。

结论 4.3:在固定处罚方式下,若政府对企业 2 违规排污的处罚足够大,满足 $T > \dfrac{4\tau_2 e_2(a + c_1 - 2c_2 + \tau_1 e_1 - \tau_2 e_2)}{9\xi b}$,则企业 2 将对污染物都进行治理;反之,企业 2 将不进行污染物治理。

证明:由式(4.21)可以看出,若 $T > \dfrac{4\tau_2 e_2(a + c_1 - 2c_2 + \tau_1 e_1 - \tau_2 e_2)}{9\xi b}$,企业 2 治理所有污染物的利润最大,因此将对污染物都进行治理,即 $\gamma = 1$;若 $T < \dfrac{4\tau_2 e_2(a + c_1 - 2c_2 + \tau_1 e_1 - \tau_2 e_2)}{9\xi b}$,企业 2 不进行污染物治理

的利润最大,因此企业 2 将不进行污染物治理,即 $\gamma = 0$。结论 4.3
证毕。

结论 4.3 表明,若政府采取固定处罚的方式,应该对企业违规排
放的行为设置一个非常高的处罚金额,以此震慑企业,激励其按要求
治污排污。

②按比例处罚

按比例处罚方式下,企业 1 和企业 2 的期望利润分别为:

$$\begin{cases} \underset{q_{15}}{\mathrm{Max}}\pi_{15} = (a - bQ)q_{15} - t_1 - c_1 q_{15} - \tau_1 e_1 q_{15} \\ \underset{q_{25}}{\mathrm{Max}}\pi_{25} = (a - bQ)q_{25} - t_2 - c_2 q_{25} - \gamma \tau_2 e_2 q_{25} - \xi(1 - \gamma)\zeta e_2 q_{25} \end{cases}$$

$$(4.22)$$

分别求 $\partial \pi_{is}/\partial q_{is} = 0 (i = 1, 2)$ 可得两家企业的均衡产量为:

$$\begin{cases} q_{15}^* = \dfrac{a + c_2 - 2c_1 + [\xi\zeta + (\tau_2 - \xi\zeta)\gamma]e_2 - 2\tau_1 e_1}{3b} \\ q_{25}^* = \dfrac{a + c_1 - 2c_2 + \tau_1 e_1 - 2[\xi\zeta + (\tau_2 - \xi\zeta)\gamma]e_2}{3b} \end{cases}$$

$$(4.23)$$

两企业的利润分别为:

$$\begin{cases} \pi_{15}^* = \dfrac{\{a + c_2 - 2c_1 + [\xi\zeta + (\tau_2 - \xi\zeta)\gamma]e_2 - 2\tau_1 e_1\}^2}{9b - t_1} \\ \pi_{25}^* = \dfrac{\{a + c_1 - 2c_2 + \tau_1 e_1 - 2[\xi\zeta + (\tau_2 - \xi\zeta)\gamma]e_2\}^2}{9b - t_2} \end{cases}$$

$$(4.24)$$

由此可得结论 4.4 如下。

结论 4.4:在按比例处罚方式下,若政府对企业 2 违规排污的单位
处罚足够大,满足 $\zeta > \dfrac{\tau_2}{\xi}$,则企业 2 将对污染物都进行治理;反之,企业
2 将不进行污染物治理。

证明：由式（4.24）可以看出，当 $\zeta > \tau_2 / \xi$ 时，企业 2 治理所有污染物的利润最大，因此将对污染物都进行治理，即 $\gamma = 1$；若 $\zeta < \tau_2 / \xi$，企业 2 不进行污染物治理的利润最大，因此企业 2 将不进行污染物治理，即 $\gamma = 0$。结论 4.4 证毕。

当 $\gamma = 0$ 时，两企业的均衡产量分别为：

$$\begin{cases} q_{15}^* = \dfrac{a + c_2 - 2c_1 + \xi\zeta e_2 - 2\tau_1 e_1}{3b} \\[3mm] q_{25}^* = \dfrac{a + c_1 - 2c_2 + \tau_1 e_1 - 2\xi\zeta e_2}{3b} \end{cases} \tag{4.25}$$

该产品总产量为：

$$Q_5^* = \frac{2a - (c_1 + c_2) - \tau_1 e_1 - \xi e_2}{3b} \tag{4.26}$$

两企业的利润分别为：

$$\begin{cases} \pi_{15}^* = \dfrac{(a + c_2 - 2c_1 + \xi\zeta e_2 - 2\tau_1 e_1)^2}{9b - t_1} \\[4mm] \pi_{25}^* = \dfrac{(a + c_1 - 2c_2 + \tau_1 e_1 - 2\xi\zeta e_2)^2}{9b - t_2} \end{cases} \tag{4.27}$$

污染物排放总量：

$$TE_5 = \frac{e_2(a + c_1 - 2c_2 + \tau_1 e_1 - 2\xi\zeta e_2)}{3b} \tag{4.28}$$

由此可得结论 4.5 如下。

结论 4.5：当政府无法实施完全规制时，政府的最优不完全规制策略是对排污系数低的企业（一般是大型企业）进行完全监督，而对排污系数高的企业（一般是中小企业）进行抽查并按比例处罚其偷排行为。

证明：分别对比式（4.25）和式（4.12）、式（4.26）和式（4.13）、式

（4.28）和式（4.15）可知，$q_{15}^* > q_{13}^*$，$q_{25}^* < q_{23}^*$，$Q_5^* < Q_3^*$ 且 $TE_5 < TE_3$。与只规制排污系数低的企业相比，政府通过对排污系数高的企业进行抽查并按比例处罚其偷排行为，提高了排污系数低的企业的产品产量，降低了排污系数高的企业的产品产量，且最终实现了降低行业排污总量的目的。结论 4.5 证毕。

结论 4.5 的政策含义：由于法律、经济及技术等方面的原因，政府一般只能实施不完全环保规制，且政府一般能够对大型企业进行严格的环保规制，而对中小企业无法进行与大型企业相同严格程度的规制。在这种情况下，政府应该采取的最优环保规制措施，是对大型企业进行严格监督，杜绝其偷排行为，对中小企业则采取不定期抽查的方式检查其治污排污情况，并对其偷排行为根据其污染物产生数量进行处罚，以此规范中小企业的排污行为，达到减排目的。

119

第 4 篇
中小企业集中治污环保规制

案例:浙江省通过集中治污实现对中小企业排污有效规制

(1)浙江省中小企业的发展及污染现状

"小商品,大市场"一直是浙江经济发展的一个重要特色。各个乡镇构建了有各自特点的大市场,吸引了一大批中小企业入驻,产生了"集聚"效应。所以尽管浙江中小企业点多面广,但各个行业向特定乡镇集中的趋势却日益明显,出现了多个产量在全国排名一二的专业产品生产乡镇。例如温州水头镇的制革、诸暨市大唐镇的制袜、上虞道墟镇的精细化工、萧山新塘镇的羽绒制品加工、嘉兴洪合镇的丝织印染、温州柳市镇的低压电器生产等。这种专业化的生产区域已经构成了特色的"块状经济"。目前,浙江拥有年产值超亿元的特色产业区块 500 多个。这种现象最为突出的是温州,其 143 个乡镇中产值超 10 亿元的"一镇一品特色镇"有 30 多个,经济总量占全市的 2/3。目前,浙江省经济总量的 60%是中小企业集群即块状经济提供的。

不过,其中相当一部分的中小企业集中在高污染行业,如化工、电镀、印染、制革、造纸、医药等,因而中小企业污染治理的任务十分艰巨。以嘉兴秀洲区洪合镇为例,这里紧靠沪杭高速公路和京杭大运河,水陆交通十分便利,是全国著名的羊毛衫生产基地。但是,据统计染线作坊每天总共要排放出 2 万 t 左右的印染废水。

（2）浙江省集中治污的主要形式

浙江是一个人口密度和收入水平都相对较高的省份,公众对环境污染问题比较敏感,省政府也提出了建设"生态省"的目标,全省上下对治理污染、改善环境状况具有强烈的意愿。据此,浙江各级政府从推动块状经济提档升级和减排治污的角度出发,着力打造各具特色、专业分工明确的小企业和大集群特色工业园区,鼓励由专业的治污公司来对中小企业污染物进行集中治理。从污染治理设施建设和治污公司运营的资金来源看,浙江省找到了许多好的做法,可以分为下列四种模式。

①模式一:政府融资,企业化运营

"政府融资,企业化运营"运作模式中污染治理设施的建设资金,基本来自财政拨款、外国政府赠款、政府国债、政府担保银行贷款、国有公司参股等,由政府统一筹措。环保设施建成后按企业模式进行运营管理。政府按照核定的成本,包括日常运行费用和设备折旧费用,制订污水、垃圾等的收费价格,运营企业据此向排污企业收费,或者由政府收费后转交给运营企业。排污量不足时政府给予补贴。这种做法的好处是保证了建成设施的正常运营,同时减轻了财政负担。绍兴污水处理工程是这种运作模式的代表。在运作过程中,绍兴市政府抓住"明确投资主体、完善治污体系、建立回报机制和加强政府监管"四个环节,一期污水处理工程政府投入 2 500 万元,带动了 5.2 亿元的资金;总投资 6.5 亿元的二期工程也进入了实质性建设阶段（绍兴市人民政府:"市场化治污之路""全国城市污水和垃圾治理与环境基础设施建设工作会议"交流材料,2002,8）。建设资金由财政拨款、政府国债、项目公司股本金（绍兴市给排水工程处、绍兴水务集团等国有企事业单位投资入股组建)、排污企业预购排污权缴纳的建设资金和银行贷款等构成,其组建的治污股份有限公司,根据物价部门测算的污水处理厂运行成本(1.67 元/t),按照"谁污染,谁付费"和治污企业"补偿成本、保本微利"的原则,分别向企业和居民收取0.5~2.2 元/t 的处理费,其中,印染等重污染企业为 2.2 元/t,居民生活污水为 0.5 元/t,用于日常运营、维护以及设备折旧;污水处理厂和污水输送工程也实行独立核算、企业化运营。

②模式二:政府引导,民间投资

这种模式下,地方政府首先根据环保需要进行污染治理设施的项目进行招商,给出明确的工程规模、排放标准、收费价格等内容,同时在招商计划中指出会给予投资者局部经营垄断权、排污量不足时会获得政府补贴等多项承诺,以及土地购买等其他方面的优惠。项目的建设和日常运营由投资方安排。投资方与政府签订特许经营承包合同,或者采取 BOT 方式,运营交给专业的运营公司。这种做法的关键是在获得政府承诺的条件下,能够保证投资者收回投资,并且有利可图。这一模式的主要代表有浙江省环科污水处理厂和嘉兴的洪合镇污水处理厂。

余杭开发区中的环科污水处理厂是由浙江省环科院、开发区管委会等三家单位以 BOT 的投资方式组建的污水治理公司,设计污水处理能力为 1 万 t,总投资 850 万元,专门为开发区内的六家印染企业处理污水。其初始资本的来源包括三个部分,即项目公司股本金、以污水处理厂一定时期的经营权为抵押向银行贷款、向排污企业预售污水处理服务费用。项目经营期为 20 年。政府特许项目公司按照成本加成定价法收费 1.8 元/t,其中核定处理成本(1.7 元/t);同时政府承诺如果每天进厂污水少于收支平衡点 7 000 t 时给予财政补贴;经营期满后整个工程将无偿转交给当地政府。

③模式三:政府资助,民间投资

这种模式下,政府以某种方式给予一定的资金支持,大致上属于准商业化的模式。由于政府提供了部分资金,从而降低了污染治理项目的投资风险。该模式的优点是有利于吸引民间投资,同时又便于降低对中小企业的排污收费价格。在具体做法上,依然是采用签订特许承包合同或者 BOT 方式。政府投资作为优先股,只参与分红,不参与管理。政府分红部分继续用作环保开支。温州市东庄垃圾发电公司和杭州大地危险废物处理公司均采用了这种模式。

温州市东庄垃圾发电项目总投资 9 000 万元,设计日处理生活垃圾 320 t,年发电 2 500 万 kW。一期工程投资 6 500 万元,日处理生活垃圾 160 t;瓯海区政府出资 3 000 万元,其余由温州市民营企业——伟明环保工程有限公司投资建设和运营,运营期 25 年(不包括两年建设期),然后无偿归还政府。项目公司按每吨 32.14 元的价格向环境卫生部门收取垃圾处理费。一期工程于 2000 年 11 月 28 日竣工。实际处理垃圾 200 t,年发电 900 万度,并通过 ISO 9001 认证。除自身耗电 200 万度外,其余部分由电力部门按 0.50 元/度的价格收购入网。扣除运行费用和设备折旧,预计投资回收期为 12 年。

杭州大地危险废物处理公司项目规划年处理危险废物 20 万 t,计划投资 10 亿元。项目采取分期投资、分期建设、滚动发展的方式进行。服务对象为杭州的企事业单位。建设资金由股本金、银行贷款和政府建设资金等构成。目前,日处理 15 t 的医疗固体废弃物焚烧处置工程已经建成并投入使用,杭州市已经对门诊和住院病人开征医疗废弃物处理费,作为废物处理的费用。宁波现代化生活垃圾焚烧发电综合利用项目,日处理垃圾 1 000 t,一期工程投资 4 亿元,政府投资 1.2 亿元,其余部分利用社会资金,各投资方按照现代企业制度建立宁波枫林绿色能源开发有限公司作为项目公司,负责运营管理,并依靠发电入网和垃圾处置收费,现已有一定的投资回报。

④模式四:民间集资,企业化管理

这种模式是工业园区中运用最多的一种模式。政府不需要提供资金,只需要给予必要的优惠政策,由通过审核的排污企业集资入股,组建污染处理有限公司,负责污染处理设施的建设和运营。运行中委托专业公司承包,采取 BOT 方式运作。

这种模式解决了中小企业污染治理设施技术落后、"不经济"的难题,监管也变得容易。在具体做法上,专业公司或者对园区内企业的污染物实行总承包(包括污染治理设施的建设和运营),或者只承包园区已建成环保设施的运营。具体的付费价格或与企业协商,或由政府核定;每个企业付费多少与企业的排污量挂钩。这种在中小企业密集的专业工业园区,通过扶持专业污染治理公司进行污染集中治理的方式称为"浙江模式"。

(3)集中治污的效果

在浙江省的实际操作中,专业治污公司运营机制得到了很好的应用。浙江省政府在治理中小企业污染的问题上,变最初的"谁污染,谁治理"为后来的"谁治理,谁收费",把污染企业统一集中到各个工业园区,由具有环保设施运营资质的专业公司负责集中治理,企业仅需向治污公司交费,污染的处理交给了更为专业的治污公司。通过市场化运作,中小企业自行治污的规模不经济性问题得到了很好的解决,极大地降低了污染物处理的成本,中小企业也由于不需再投资于治污设备和治污技术改造,节约了资金。

　　"浙江模式"实际上是通过园区将污染产生者和治理者联系在一起,污染产生者通过向治理者购买治污服务而间接承担了治理义务,治理者则通过出售治污服务来谋取利益,从而促使投资者、经营者自觉运用资源价值、环保成本、经济效益核算机制,把环境保护治理效果与运行管理者的经济效益统筹兼顾起来,形成环境污染治理的良性循环。这种市场化的运作不仅帮助中小企业解决了治理技术落后、规模不经济、治理投资成本高、融资难以及无法负担运行费用的问题,而且能克服单纯由排污企业进行分散的点源治理引起的产业化程度低,运行管理难,效率低下的弊端。

　　据浙江省环保局的不完全统计,企业污染治理设施市场化、专业化运营后的排污达标系数可达到70%～80%,有的甚至可达到90%以上,相比较污染企业自己治污,达标率提高了30%～50%,同时运营成本可节约10%～20%。由此可见,运用市场机制推进污染治理市场化运营,不仅使环保设施运营取得良好的环境效益,同时也取得可观的经济效益和社会效益。

第 5 章　中小企业排污指标分配机制

通过第 3 章和第 4 章研究世界各国的理论与实践以及我国环保实际情况表明,我国在现阶段只能是对污染系数(或排污强度)低的大型企业进行严格监督规制,对排污系数高的中小企业只能采取比较宽松的环保规制。其主要的原因在于,中小企业规模小,数量众多,若由其各自分别购买治污设备进行分散治污,将导致:①中小企业无力支付治污设备购置成本;②治污设备重复投资;③治污技术不过关,治污不达标;④治污量小,达不到治污经济规模。此外,中小企业分布散,环保部门有限的人手不可能对所有中小企业进行全面监控。因此,只有采取一种更为科学合理的中小企业生产和治污模式,才能有效解决以上问题,实现对中小企业排污行为的有效规制和激励。

浙江省等地区集中治污的实践证明,集中治污是解决中小企业排污监管规制难的有效措施(详见开篇案例)。然而,实践中也暴露出一些亟待解决的问题,包括:

①政府是否应该分配给中小企业排污指标,应以什么标准分配排污指标;

②政府是否需要对中小企业进行监管,应如何进行监管,如何处

128

罚违规行为;

③与政府相比,专业治污公司在中小企业排污信息上具有信息优势,而且中小企业向其排污越多,其收益越多,因此有督促中小企业按要求排污的动力和激励,政府能否利用以及如何利用专业治污公司的信息优势和监督中小企业排污的动力,有效解决政府环保规制资源不足的问题;

④专业治污公司在给中小企业集中治污中处于完全垄断地位,若完全市场化确定治污收费价格是否反而会促使中小企业偷排污染物,或拒绝参与集中治污,政府是否干预以及如何干预治污收费定价,保障集中治污得以有效实施。

这些问题是政府通过集中治污实现对中小企业排污行为的有效规制,激励其按要求排污的关键所在,本篇则将通过理论和案例研究,尝试解决以上问题。

本章通过分析集中治污模式下政府给予中小企业排污指标对中小企业生产和排污策略以及社会福利的影响,并分析中小企业排污系数、单位污染物社会成本等主要因素,对政府排污指标分配策略和中小企业排污策略的影响,解决政府是否应该给中小企业分配排污指标,应以什么标准分配排污指标的问题,促进中小企业减少排污量。

5.1　排污指标分配背景

产品市场上有两家生产同一种产品的中小企业,企业在生产过程中会产生一定的污染物破坏环境,污染物对环境和社会福利造成的破坏程度与污染物排放量相关,排污量则与产品产量相关。

　　如前文所述,中小企业规模小,无力独立购买治污设备;此外,中小企业数目庞大,每个企业都独立购买治污设备将导致社会资源浪费。鉴于此,政府将中小企业集中在一起(如工业园区)进行生产,并引进专业治污企业对所有中小企业的污染物进行治理,治污企业则根据中小企业排污量进行收费。

　　污染物对环境和社会福利的破坏是由整个社会承担,而将污染物排放给治污企业,由其进行治理后再排放所产生的治理费用则由中小企业自己承担,因此,作为完全理性人的中小企业是以利润最大化为其决策目标,自然就会选择将污染物不经治理直接排放。为此,政府需要对企业的排污进行监督规制。

　　由于生态环境具有一定的自我修复能力,因此,若要求企业将全部污染物都治理后再排放,首先是对生态环境该能力(也是一种宝贵的自然资源)的浪费;其次还会过度提高企业成本,降低企业产量,减少企业利润;最后,产品产量的降低还会导致产品价格上升和消费者剩余下降,因此,对企业排污行为的过度控制会降低社会福利。作为以社会福利最大化为目标的政府就应该根据本地区环境质量目标,企业排污系数及其污染物对环境的破坏力,以及企业产品的市场需求等因素,制订中小企业的污染物排放总指标和每个企业的排污指标,在降低环境污染的同时实现社会福利最大化。

5.2　中小企业排污指标分配策略

　　产品市场上两家生产同一产品的中小企业 $i(i=1,2)$,以 c_i 的单位产品生产成本进行生产,并在生产过程中会产生一定数量的污染物,且企业排污量 e_i 为其产品产量 q_i 的函数, $e_i = \beta_i q_i$,其中 β_i 为排污系数(或排污强度)。中小企业产品的反需求函数为: $p = p_0 - a(q_1 + q_2)$,其中, $p_0 > 0, a > 0$ 。

污染物会破坏生态环境,产生一定的社会成本(或社会福利损失),且企业污染物所导致的社会成本为其排污量的函数:污染物社会成本 $C_s = \gamma(e_1 + e_2)$ 。其中, γ 为单位污染物社会成本,即每单位污染物对环境破坏所产生的社会福利损失。

为了对中小企业排污行为进行规制,同时利用生态环境的自我修复能力,政府给予两家企业排污总指标 $\overline{E}$,每家企业分得排污指标 $\bar{e}_i(i = 1, 2)$ 。换言之,中小企业 i 可以在排污指标范围内直接排放污染物,超出部分则需要在治理达标后方能排放。

为了解决中小企业无力购买治污设备的问题,并实现治污规模经济,政府将两家中小企业集中在一起进行生产,并将超过排污指标的所有污染物排放给专业治污企业,由其以单位治污成本 c 治理中小企业的污染物,并按企业 $i(i = 1, 2)$ 的超标排放量 $\hat{e}_i = e_i - \bar{e}_i$,以单位治污价格 r 收取治污费。

中小企业 $i(i = 1, 2)$ 的产品反需求函数,单位产品生产成本,排污量函数,污染物社会成本,排污指标,治污企业的单位治污成本和单位治污价格等均为中小企业、治污企业及政府的共同知识。

由以上分析可得,中小企业 $i(i = 1, 2)$ 利润为:

$$\pi_i = (p - c_i)q_i - r\hat{e}_i, i = 1, 2 \tag{5.1}$$

治污企业利润为:

$$\pi = (r - c)(\hat{e}_1 + \hat{e}_2) \tag{5.2}$$

消费者剩余为:

$$CS = \frac{a(q_1 + q_2)^2}{2} \tag{5.3}$$

未经治理的污染物的社会成本为：

$$C_s = \gamma \overline{E} \tag{5.4}$$

政府效用（社会福利）：

$$SW = \sum \pi_i + \pi + CS - C_s \tag{5.5}$$

5.3　排污指标分配策略的规制效果

集中治污下的环境规制决策顺序为：首先是政府以社会福利最大化为目标确定中小企业 $i(i=1,2)$ 的排污总指标 $\overline{E}$ 和每个企业分得的排污指标 $\overline{e}_i$；接着是治污企业根据政府的排污指标分配，以自身利润最大化为目标确定单位治污价格 r；最后，中小企业在政府确定的排污指标和治污企业单位治污价格下，以自身利润最大化为目标确定产品产量及相应的排污量。

本节用逆向归纳法分析政府、治污企业及中小企业 $i(i=1,2)$ 的最优决策及排污指标分配策略的环保规制效果。

首先，中小企业 $i(i=1,2)$ 以利润最大化为目标确定其产品产量，求解 $\dfrac{\partial \pi_i}{\partial q_i}=0$ 可得中小企业 i 的最优产量为：

$$q_i^* = \frac{p_0 - 2c_i - 2r\beta_i + c_{3-i} + r\beta_{3-i}}{3a}, i=1,2 \tag{5.6}$$

式（5.6）为中小企业 $i(i=1,2)$ 的反应函数，即给定一个治污企业的单位治污价格 r，就有个相对应的中小企业 i 最优产量 q_i^*。由于中小企业 i 的产品反需求函数、单位产品生产成本、排污量函数等均为共同知识，因此，治污企业就知道中小企业 i 的反应函数，根据该反应函数决定其最优单位治污价格 r^*,以使自身利润最大化。

将式(5.6)代入式(5.2),并求解 $\dfrac{\partial \pi}{\partial r}=0$,可得治污企业最优单位治污价格如下:

$$r^* = \frac{-3a\overline{E} + (p_0 + \sum c_i)\sum \beta_i + 2\lambda c - 3\sum c_i \beta_i}{4\lambda} \tag{5.7}$$

其中,$\lambda = (\beta_1-\beta_2)^2+\beta_1\beta_2>0$。

式(5.7)则是治污企业的反应函数,即给定政府分配的排污总指标 $\overline{E}$,就有一个相对应的治污企业最优单位治污价格 r^*。由于治污企业的单位治污成本及收费定价也是共同知识,因此,政府也就知道治污企业 i 的反应函数,就会根据该反应函数确定最优总排污指标 $\overline{E}^*$,实现社会福利最大化。

结论 5.1:政府给予中小企业的最优排污总指标 $\overline{E}^*$ 为

$$\overline{E}^* = \frac{2\lambda c(13\lambda + 3\beta_1\beta_2) - 48\lambda^2\gamma + \sum \delta_i c_i}{3a(\beta_1 + \beta_2)^2} + \frac{p_0(5\lambda + 3\beta_1\beta_2)}{3a(\beta_1 + \beta_2)}$$

$$\tag{5.8}$$

其中,$\delta_i = -22\beta_i^3+33\beta_i^2\beta_{3-i}-36\beta_1\beta_{3-i}^2+17\beta_{3-i}^3$,$i=1,2$。

证明:将式(5.7)代入式(5.5),并求解 $\dfrac{\partial SW}{\partial \overline{E}}=0$,可得政府确定的中小企业最优排污总指标 $\overline{E}^*$ 为: $\overline{E}^* = \dfrac{2\lambda c(13\lambda + 3\beta_1\beta_2) - 48\lambda^2\gamma + \sum \delta_i c_i}{3a(\beta_1 + \beta_2)^2} +$

$\dfrac{p_0(5\lambda + 3\beta_1\beta_2)}{3a(\beta_1 + \beta_2)}$。结论 5.1 证毕。

结论 5.2:治污企业收取的最优单位治污价格为

$$r^* = \frac{6\lambda(2\gamma - c) + \sum 9\beta_i c_i}{(\beta_1 + \beta_2)^2} - \frac{p_0 + \sum 4c_i}{(\beta_1 + \beta_2)} \tag{5.9}$$

证明:将式(5.8)代入式(5.7)并化简,可以得到治污企业向中小企业收取的最优单位治污价格 $r^* = \dfrac{6\lambda(2\gamma - c) + \sum 9\beta_i c_i}{(\beta_1 + \beta_2)^2}$ —

$\dfrac{p_0 + \sum 4c_i}{(\beta_1 + \beta_2)}$。结论 5.2 证毕。

结论 5.2 表明,集中治污模式下,由于治污企业处于垄断的领导者地位,因此,可以根据中小企业 $i(i=1,2)$ 的反应函数制订最优单位治污价格,实现其自身利润最大化。

结论 5.3:政府应随中小企业污染物的单位社会成本的变大而降低给予中小企业的排污总指标。

证明:求最优排污总指标 $\overline{E}^*$ 关于单位污染物社会成本 γ 的一阶导数可得 $\dfrac{d\overline{E}^*}{d\gamma} < 0$,因此,中小企业最优排污总指标是单位污染物社会成本的严格递减函数。换言之,政府应随中小企业污染物的单位社会成本的变大而降低给予中小企业的排污总指标。结论 5.3 证毕。

结论 5.3 表明,随着中小企业污染物的单位社会成本增大,中小企业排放相同污染物所造成的环境破坏和社会福利损失提高。因此,政府就该降低给予中小企业的排污总指标,要求中小企业增大治污力度,以低治污成本换取高污染物社会成本,从而更好地保护环境,增加社会福利。

结论 5.4:治污企业将随中小企业污染物的单位社会成本的变大而提高治污收费。

证明:求治污企业收取的最优单位治污价格 r^* 关于中小企业单位污染物社会成本 γ 的一阶导数可得 $\dfrac{dr^*}{d\gamma} > 0$,因此,治污企业收取的最优单位治污价格为中小企业单位污染物社会成本的严格递增函数。换言之,治污企业将随中小企业污染物的单位社会成本的变大而提高治污收费。结论 5.4 证毕。

　　结论 5.4 表明,中小企业单位污染物社会成本的变大,会导致其排放相同污染物所造成的环境破坏和社会福利损失提高,政府就将降低给予中小企业排污总指标(这点由结论 5.3 得到证明)。由于中小企业单位污染物社会成本是共同知识,当中小企业单位污染物社会成本变大时,治污企业就会预期到政府将降低给予中小企业排污总指标,也明白这就意味着中小企业需要治理的污染物数量增加,即治污企业提供的治污服务需求增加,作为完全理性人的治污企业自然就会随着需求的增加而提高单位治污价格,以最大化提高自身利润。

5.4　仿真分析

　　集中治污模式下,中小企业 $i(i=1,2)$ 及治污企业的生产及排污等参数如下:产品反需求函数分别为 $p=90-0.5(q_1+q_2)$;中小企业单位生产成本分别为 $c_1=20,c_2=25$;排污系数分别为 $\beta_1=0.90,\beta_2=0.95$;单位污染物社会成本为 $\gamma=23$;治污企业单位治污成本 $c=5$。

　　由式(5.8)可求得政府给予中小企业的最优排污总指标为 $\overline{E}^*=30.46$,由式(5.9)可得治污企业最优单位治污价格 $r^*=25.48$。由于中小企业 1 的排污系数小于中小企业 2,即该企业采用的是更清洁的生产方式。

　　由第 3 章和第 4 章的分析可知,政府应该通过规制措施的优化设计,让排污系数低的企业多生产产品,使其产品挤占排污系数高的企业的市场,以此降低行业的排污总量。同时,为了鼓励更多的企业采用清洁的生产方式,政府也有必要给予这些企业更多的排污指标。因此,中小企业 1 得到排污总指标中的 55%,即 $\overline{e}_1^* = 16.75$;中小企业 2 则只得到排污总指标中的 45%,即 $\overline{e}_2^* = 13.71$。

将政府给予中小企业的最优排污总指标 $\overline{E}^* = 30.46$、治污企业最优单位治污价格 $r^* = 25.48$,以及中小企业 1 和中小企业 2 的排污指标 $\overline{e}_1^* = 16.75$ 和 $\overline{e}_2^* = 13.71$,代入式(5.1)、式(5.2)和式(5.6)可得中小企业 $i(i=1,2)$ 和治污企业的最大利润为 $\pi_1^* = 1\,447.80$,$\pi_2^* = 641.06$,$\pi^* = 479.41$。

接下来分析单位污染物社会成本 γ、排污系数 β_1 等主要因素的变化对集中治污模式下的中小企业排污指标分配、治污企业单位治污价格及企业利润的影响(由于 β_1 和 β_2 的中小企业环境规制策略及企业利润的影响相似,因此,只需要对 β_1 进行灵敏度分析)。不同单位污染物社会成本 γ 下的中小企业环境规制策略及企业利润见表 5.1。

表 5.1　单位污染物社会成本 γ 对中小企业环境规制策略及企业利润的影响

单位污染物社会成本 γ	排污总指标 $\overline{E}^*$	单位治污价格 r^*	企业 1 利润 π_1^*	企业 2 利润 π_2^*	治污企业利润 π^*
22	37.33	22.47	1 448.07	690.51	348.96
23	30.46	25.48	1 447.80	614.06	479.41
24	23.58	28.48	1 441.22	523.02	630.52
25	16.71	31.49	1 428.32	417.10	802.31

由表 5.1 可看出,随着单位污染物社会成本 γ 的提高,中小企业的排污总指标 $\overline{E}^*$ 下降,治污企业的单位治污价格 r^* 不断上升,中小企业 $i(i=1,2)$ 的利润则均有不同程度的损失,且企业 2 的利润损失程度远大于企业 1,治污企业的利润则持续提高。这主要是由于企业 2 的排污系数大于企业 1,因此排污总指标的降低,使得其一方面需要

比企业 1 更大幅度降低产量;另一方面还需要比企业 1 支付更多的治污费用,从而导致其利润损失程度远大于企业 1。表 5.1 的分析再次印证了结论 5.3 和结论 5.4。

企业 1 排污系数 β_1 对中小企业环境规制策略及企业利润的影响见表 5.2。为了更好地解释分析结果,这里考虑两家中小企业所分得的排污指标比例维持不变,仍是中小企业 1 得到总排污指标中的 55%,中小企业 2 得到 45%。

表 5.2　企业 1 排污系数 β_1 对中小企业环境规制策略及企业利润的影响

企业 1 排污系数 β_1	总排污指标 $\overline{E}^*$	单位治污价格 r^*	企业 1 利润 π_1^*	企业 2 利润 π_2^*	治污企业利润 π^*
0.89	30.64	25.41	1 458.61	612.18	471.62
0.90	30.46	25.48	1 447.80	614.06	479.41
0.91	30.25	25.55	1 436.82	615.47	487.92
0.92	30.00	25.64	1 425.64	616.41	497.16

由表 5.2 可看出,随着企业 1 排污系数 β_1 的提高,中小企业的排污总指标 $\overline{E}^*$ 减少,治污企业的单位治污价格 r^* 持续提升,企业 1 的利润减少,企业 2 和治污企业的利润则不断增加。这主要是因为企业排污系数的提高,使得企业生产相同产量所产生的污染物排放量增大,政府就会对企业进行更严格的规制,通过降低排污总指标来限制企业的产量,以更好地保护环境和维护社会福利。随着排污指标的降低,中小企业对治污企业治污服务的需求增加,治污企业就会提高单位治污价格。此外,由于只有企业 1 的排污系数提高,因此,企业 2 就能得以抢占企业 1 大量减产而让出的市场,并因行业总产量下降而导致的产品价格上升而获得更大的利润,不仅弥补了治污价格上升受到的损失,还最终使得其利润得到提高。

第 6 章　政府对中小企业单独监督机制

随着集中治污模式在我国许多地区的广泛采用,一些新的政府环保规制问题也随之出现。本章将分别通过构建政府与中小企业间的环保监督博弈,以及政府、治污企业和中小企业的三方博弈,分析政府凭借自身力量,采取不定期抽检的方式单独对中小企业进行环保监督的情况下,政府对中小企业的最优环保规制策略,包括环保规制固定投资、监督变动成本、监督检查频率、违规排放处罚金额以及守法治污奖励金额等。尝试解答集中治污模式下,政府是否还需要对中小企业进行监管,以及应如何进行监管的问题,实现政府对中小企业的高效监督。

6.1　静态博弈下的政府单独监督机制

6.1.1　政府单独监督背景

某地区有多家生产同一种产品的中小企业。中小企业在生产过程中会产生一定污染物,且污染物产生量与企业产品产量相关。污染物若不经处理就直接排放到环境中将造成一定的生态环境破坏和社会福利损失,且其破坏程度与其排放量相关。

中小企业数量庞大且分布分散,不利于政府的监管规制,加之中小企业无法独立承担购买治污设备的费用,且由其独立分散治污会因无法达到规模经济而浪费治污资源,或者是因治污设备或技术落后而不能达标治污。因此,政府将这些中小企业集中在一起(如进入工业园区)进行生产,并引入专业治污企业对所有中小企业生产过程中产生的污染物进行治理,治污企业则按其为中小企业治理的污染物数量收取治污费用。

显然,污染物所造成的环境破坏及社会福利损失是由整个社会来承担的,中小企业作为众多承担者的一员,其承担的部分几乎为 0;相反,向治污企业缴纳的治污费用则由其自己承担。因此,追求利润最大化的中小企业,在面对众多竞争对手和激烈的价格战时,必然选择偷排污染物,以降低治污成本和产品总成本,提升其产品竞争力。因此,政府需要强化对中小企业排污行为的监督和规制,但政府需要为此付出一定成本。若要完全杜绝中小企业偷排污染物的行为,政府则需要所付出的监管成本可能过高,甚至超出政府承受能力,或高于因污染物减少而提升的社会福利,反而得不偿失。因此作为以社会福利最大化为目标的政府,需要合理制订对中小企业偷排行为的监督规制策略。

此外,治污企业向中小企业收取的治污费用也会对中小企业的生产及排污策略产生重大影响,若任由其自主制订收费价格,可能因其制订的价格过高而使得中小企业减产过多而损失社会福利,甚至可能使中小企业无法承担治污费用而被迫偷排,造成更大的环境破坏。因此,政府需要对治污企业的定价策略进行相应的规制和指导,以规范中小企业排污行为,实现社会福利最大化。

6.1.2　政府与中小企业的环保规制博弈

　　某地区有 n 家生产同一产品的中小企业 $i(i=1,2,\cdots,n)$,其生产过程中产生的污染物数量 ε_i 是其产量 q_i 的函数,即 $\varepsilon_i=\varepsilon_i(q_i)$ 。中小企业 i 为了降低其产品成本,可能会采取偷排污染物的行为,且偷排概率为 θ_i 。污染物造成的环境破坏和社会福利损失 c_i 为偷排量 ε_i' 的函数,即 $c_i=c_i(\varepsilon_i')$ 。

　　为了实现治污规模经济和便于监管,政府将所有中小企业集中到一起生产,并引入专业治污企业治理其污染物,治污企业按为中小企业治理的污染物数量以单位价格 p 收取治污费用。

　　为防止中小企业 $i(i=1,2,\cdots,n)$ 偷排污染物,政府决定对其进行监管,其监管策略为:按 γ_i 的概率对其进行监测,每次监测的成本(以下称"监测变动成本")为 s_i ,发现偷排行为的概率为 ϕ_i ,且为监测成本的函数,即 $\phi_i=\phi_i(s_i)$,且满足 $\phi_i(0)=0$, $\phi_i(\infty)=1$, $\phi_i'(s_i)>0$, $\phi_i''(s_i)<0$;若政府发现中小企业 i 偷排,将对其处以罚款,罚金为 $\rho_i=\beta_i\varepsilon_i'$,其中, β_i 为单位污染物罚金;反之,若政府未发现中小企业有偷排行为,则会给予其 α_i 的奖励,中小企业因该奖励所获收益为 $r_i=r_i(\alpha_i)$ 。

　　由此可得,政府与中小企业的环保规制博弈的支付矩阵见表 6.1。

表 6.1　中小企业 i 和政府的支付

中小企业 i 政府	偷　排	不偷排
监　测	$\phi_i\beta_i\varepsilon_i'-s_i-c_i-(1-\phi_i)\alpha_i$, $(1-\phi_i)r_i-p(\varepsilon_i-\varepsilon_i')-\phi_i\beta_i\varepsilon_i'$	$-s_i-\alpha_i$, $r_i-p\varepsilon_i$
不监测	$-c_i-\alpha_i$, $r_i-p(\varepsilon_i-\varepsilon_i')$	$-\alpha_i$, $r_i-p\varepsilon_i$

6.1.3　政府最优监督机制

由表 6.1 可以看出,政府与中小企业的环保规制博弈没有纯战略纳什均衡,只存在混合战略纳什均衡,且均衡时的政府检查概率 γ_i 和中小企业 $i(i=1,2,\cdots,n)$ 的偷排概率 θ_i 分别为:

$$\theta_i = \frac{s_i}{(\alpha_i + \beta_i \varepsilon_i')\phi_i},i=1,2,\cdots,n \qquad (6.1)$$

$$\gamma_i = \frac{p\varepsilon_i'}{(r_i + \beta_i \varepsilon_i')\phi_i},i=1,2,\cdots,n \qquad (6.2)$$

由式(6.1)可得结论 6.1 如下。

结论 6.1:中小企业偷排概率随其污染物偷排量、政府奖励力度、单位污染物罚金及其偷排行为被发现概率的增加而降低;随政府监测变动成本的增加而提高。

证明:分别求中小企业的偷排概率关于其污染物偷排量、政府奖励力度、单位污染物罚金、偷排行为被发现概率及政府监测变动成本的一阶偏导数可得,$\frac{\partial \theta_i}{\partial \alpha_i}<0$,$\frac{\partial \theta_i}{\partial \varepsilon_i'}<0$,$\frac{\partial \theta_i}{\partial \beta_i}<0$,$\frac{\partial \theta_i}{\partial \phi_i}<0$ 和 $\frac{\partial \theta_i}{\partial s_i}>0$。因此,中小企业偷排概率随其污染物偷排量、政府奖励力度、单位污染物罚金及其偷排行为被发现概率的增加而降低,随政府监测变动成本的增加而提高。结论 6.1 证毕。

结论 6.1 表明,随着政府对按规定进行排污的行为奖励力度的提高,中小企业遵守排污规则的收益增加,中小企业偷排的意愿和概率就会有所降低。而随着偷排引发的单位污染物罚金提高,偷排成本提高,中小企业不得不降低偷排概率。污染物偷排量的提高意味着在中小企业偷排总量一定的情况下,其偷排次数减少,即偷排概率降低。此外,如果偷排一旦被发现,面临的罚金会更高,偷排成本也就更大,中小企业就会降低其偷排概率,减少其偷排行为。而随着政府监测变动成本的增加,政府为了降低总监测成本,自然就会减少监测频率和次数。虽然监测变动成本的增加会提高政府发现中小企业偷排行为的可能性,但是由于监测变动成本边际效率递减,政府发现偷排行为的概率并不是与监测变动成本成比例增长,因此,随着监测变动成本的增加,中小企业偷排被发现的概率降低,中小企业就会提高偷排概率。

结论6.2:政府应加大对中小企业排污监管的固定投入,以尽可能降低监测变动成本,从而杜绝中小企业偷排行为。

证明:由结论6.1可以看出,随着政府监测变动成本的降低,中小企业偷排的概率也会降低,由式(6.1)还可以看出,当政府监测变动成本趋近于0时,中小企业偷排概率也趋近于0。因此,为了防止中小企业偷排,政府可以采取加大排污监管的固定投入,以此尽可能降低政府的监测变动成本。如国内外一些地区通过建设排污在线监控系统,对排污企业实施24小时在线监控,环保人员只需登录在线监控中心网站即可随时监测企业排污情况,使得政府的监测变动成本降到几乎为0,从而使得企业几乎没有机会偷排。结论6.2证毕。

由式(6.2)可得结论6.3如下。

结论6.3:政府进行监测的概率随治污企业单位治污收费及中小企业偷排数量的变大而提高,随政府监测变动成本、发现中小企业偷排的概率、单位污染物罚金和中小企业受政府奖励所获收益的变大而降低。

证明:分别求政府进行监测的概率关于治污企业单位治污收费、中小企业偷排数量、政府监测变动成本、政府发现中小企业偷排的概率、单位污染物罚金和中小企业受政府奖励所获收益的一阶偏导数可得，$\dfrac{\partial \gamma_i}{\partial p}>0$，$\dfrac{\partial \gamma_i}{\partial \varepsilon_i'}>0$，$\dfrac{\partial \gamma_i}{\partial s_i}<0$，$\dfrac{\partial \gamma_i}{\partial \phi_i}<0$，$\dfrac{\partial \gamma_i}{\partial \beta_i}<0$ 和 $\dfrac{\partial \gamma_i}{\partial r_i}<0$。政府进行监测的概率随治污企业单位治污收费及中小企业偷排数量的变大而提高；随政府监测变动成本、发现中小企业偷排的概率、单位污染物罚金和中小企业受政府奖励所获收益的变大而降低。结论6.3证毕。

结论6.3表明，随着治污企业单位治污收费的上升，中小企业治污成本变大，为降低其治污成本和总成本，提高其产品竞争力，中小企业就会提升偷排概率，增加偷排次数。为此，政府就会加强排污监管，提高监测概率和频次。随着中小企业每次的污染物偷排量的增加，中小企业偷排行为造成的环境破坏和社会福利损失变大，政府就会提高监测概率和频次，以降低中小企业偷排概率，减少环境破坏和社会福利损失。随着政府监测成本的增加，政府发现中小企业偷排的概率就会提升，同时，为了降低监管支出，政府就会降低监测概率和频次。随着政府发现中小企业偷排概率的提升，中小企业就会降低偷排概率，政府也就会降低监测概率和频次。单位污染物罚金或中小企业受政府奖励所获收益的提升，意味着中小企业偷排成本提高或按规排放收益增加，中小企业也就会减少偷排行为，以降低偷排成本或提高按规排放的收益，这时，政府也就会随之降低监测概率和频次。

结论6.4：专业治污模式下，政府必须对治污企业的治污定价行为进行适度干预，以此提高社会福利。

证明：由结论6.3可以发现，治污企业单位治污费用的提升会使中小企业治污成本增加，中小企业就更有动机和可能进行偷排，为防止其偷排，政府就必须提高监测的概率和频次，也就会为此付出更多的监管成本。此外，由中小企业的支付函数可看出，单位治污费用的提高还将降低中小企业产品产量，进而导致中小企业利润、消费者剩余和社会福利的损失。因此,政府不能完全任由治污企业按照市场机制来确定治污收费价格,而应该对其定价行为进行适当干预,如设定治污收费价格上限等,以此提高社会福利。结论6.4证毕。

结论6.5:政府应更多地将奖励给予那些因获奖而得到更大收益的中小企业,或根据中小企业最急迫的需求进行针对性奖励,以提高企业因获奖而得到的收益。

证明:由结论6.3可以发现,中小企业受政府奖励而所获收益的提高可以降低政府的监测概率,从而降低政府监管成本,因此,政府应更多地将奖励给予那些因获奖而得到更大收益的中小企业,或根据中小企业最急迫的需求进行针对性奖励,以提高企业因获奖而得到的收益。结论6.5证毕。

结论6.5表明,政府将奖励给予那些因获奖而得到更大收益的中小企业,或根据中小企业最急迫的需求进行针对性奖励,能有效减少政府的监测概率和频次,降低监测成本。

结论6.5的含义是政府应该对遵守规则排污的中小企业进行奖励,且奖励方式不限于奖金,而应针对其最急迫的需求进行奖励。例如,中小企业发展中面临的最大问题之一是融资难,政府可以为有发展前景的中小企业提供融资担保或将绿色信贷等作为奖励,这样既可促进中小企业发展,又能激励其按规定进行治污和排污,防范其偷排行为,实现中小企业发展和环保的双赢。

6.1.4　监督效果分析

某地区有10家生产同一种产品的中小企业 $i(i=1,2,\cdots,10)$,每家企业的产品产量均为 $q_i=20$,污染物产生数量皆为 $\varepsilon_i=0.9q_i$,中小企业为了降低治污成本,以 θ_i 的概率偷排污染物,偷排数量为 $\varepsilon_i' = 0.3\varepsilon_i$,污染物造成的环境破坏和社会福利损失为 $c_i = 2\varepsilon_i'$。所有中小企业的污染物都由专业治污公司进行治理,其单位治污收费价格 $p = 15$。政府以 γ_i 的概率对中小企业 i 排污行为进行监测,监测变动成本为 $s_i = 10$,发现中小企业偷排的概率为 0.8,政府一旦发现中小企业偷排,将处以其 $\rho_i = 20\varepsilon_i'$ 的罚金;反之,若未发现偷排行为,则奖励其 $\alpha_i = 10$,中小企业则因此额外增加收益 $r_i = 20$。

由式(6.1)和式(6.2)可求得中小企业的偷排概率为 10.59%,政府的监管概率为 79.10%,政府、中小企业 $i(i = 1, 2, \cdots, 10)$ 和治污企业的收益分别为 -11.14,-250 和 2 614.19(由于本章没有考虑中小企业的产品销售收入,这里的中小企业收益实际为其排污成本)。

若政府限定治污企业单位治污收费价格上限为 10,在此机制下,145中小企业的偷排概率为 10.59%,政府的监管概率则大幅降为 52.73%,政府、每家中小企业及治污企业的支付分别为 -11.14,-160 和 1 742.8。因此,政府通过干预治污企业治污定价使得社会福利上升了 28.61。当然社会福利的上升是以治污企业收益大幅下降为代价的,不能算是一种帕累托改进。政府可以考虑让每家中小企业向治污企业支付一笔固定治污费用,如 88,则由于支付的是固定费用,中小企业的排污策略和政府的监督策略不受影响,但中小企业的收益由不限价时的 -250 变成了 -248,增加了 2,治污企业收益由 2 614.19 变成了 2 622.8,增加了 8.61,政府收益维持 -11.14 不变,即参与各方的收益都得到增加(或不变),实现了排污监督的帕累托改进。

6.2 动态博弈下的政府单独监督机制

6.2.1 政府单独监督背景

某地区产品市场上有多家生产同一种产品的中小企业,其生产过程中会产生一定的污染物,且污染物生成量与企业的产品产量相关。污染物若不经治理直接排放到环境中将对环境造成破坏和影响社会福利,环境破坏程度和社会福利损失情况与污染物排放量相关。

中小企业规模小,资金少,无力独立购买治污设备,而且,中小企业数目庞大,若每个企业都独立购买治污设备将因治污量小而导致治污规模不经济和治污资源浪费,因此,政府采取进入工业园或楼宇工业等模式,将中小企业集中到一起生产,并引入专业治污企业对所有中小企业所生成的污染物进行治理,治污企业则根据其治污量向每家中小企业收费。

中小企业生产的产品是同质产品,产品间基本无差异,因此,企业间的竞争主要是靠价格竞争。加之污染物对环境的破坏及社会福利的损害是由整个社会承担,污染物治理费用则由企业自己支付,"理性"的企业必然选择将污染物不经治理直接排放环境中,从而降低治污成本和产品总成本,提高产品竞争力,实现其利润最大化。为此,政府需要对中小企业的排污行为进行监管。

政府加强中小企业排污监管可以减少其偷排行为,但也会因此产生一定的监管成本,且政府放松监管力度,可节约监管成本,但会导致中小企业偷排行为的增加,造成更大的环境破坏和社会成本,降低社会福利;政府监管过度,虽可杜绝中小企业偷排行为,但又会因监管成本过高而减少社会福利。因此,以社会福利最大化为决策目标的政府,应根据中小企业的生产及排污情况,以及治污企业的治污能力等因素,确定相应的监管力度和成本,以及对中小企业偷排行为的处罚金额等,以此规制中小企业的排污行为,在保护环境的同时,最大化社会福利,实现环保与中小企业发展的双赢。

6.2.2 政府与中小企业的环保规制博弈

某地区产品市场上有 n 家生产同一产品的中小企业 $i(i=1,$ $2,\cdots,n)$,其产品收益函数为: $r_i=r_i(q_i)$;生产成本函数为, $c_i=c_i(q_i)$;产品生产过程中会生成一定数量的污染物,且其污染物生成及排放数量与产品产量相关,即排污量 $e_i=e_i(q_i)$ 。由于治污会产生治污费用,因此,中小企业 i 有采取偷排行为的可能,其偷排概率为 φ_i 。

污染物直接排放会对环境造成一定破坏,产生一定的社会成本(或社会福利损失),且污染物直接排放导致的社会成本为直排(偷排)排污物数量的函数:污染物的社会成本 $c_s=c_s\left(\sum\varphi_ie_i\right)$,其中, $\sum\varphi_ie_i$ 为中小企业所偷排污染物的数量总和。

为了实现治污规模经济,政府将所有中小企业集中在一起生产,并要求其将所有污染物排放给专业治污企业,由其治理中小企业排放的污染物,并按其治污量(中小企业 i 的排污量),以单位治污价格 r 收取治污费,其治污成本为治污量的函数,即, $\theta=\theta\left(\sum(1-\varphi_i)e_i\right)$,且 $\theta<$ c_s ,即治污成本低于污染物导致的社会成本,应该进行污染物治理。

由于中小企业 i 偷排概率为 φ_i，因此，其排到治污企业的污染物数量为 $(1-\varphi_i)e_i$。

为了防范中小企业偷排污染物，政府决定加强对中小企业的监管和加大处罚力度，加强监管需付出一定努力程度及成本，且政府监管部门发现中小企业偷排的概率为其努力程度及成本的函数，即 $\phi = \phi(c)$，且满足 $\phi(0)=0, \phi(\infty)=1, \phi'(c)>0, \phi''(c)<0$。换言之，政府不监管，发现中小企业偷排的概率为 0；若政府实现完全监管，发现中小企业所有的偷排行为，则需付出非常巨大的成本；政府提高监管努力程度及成本会增大其发现中小企业偷排的概率，但努力的边际效果递减。政府对中小企业偷排行为会进行处罚，处罚金额为 β。

中小企业 $i(i=1,2,\cdots,n)$ 的生产成本、排污量、产品收益、污染物社会成本、治污企业的治污成本及收费定价、政府发现中小企业偷排行为的概率及处罚金额等均为共同知识。

由此可得，中小企业 $i(i=1,2,\cdots,n)$ 的利润为：

$$\pi_i(q_i,\varphi_i) = r_i - c_i - (1-\varphi_i)e_i r - \varphi_i \phi \beta, i=1,2,\cdots,n \quad (6.3)$$

治污企业的利润为：

$$\pi(r) = r\sum(1-\varphi_i)e_i - \theta \quad (6.4)$$

政府效用（社会福利）为：

$$SW(c,\beta,r,q_i,\varphi_i) = \sum\pi_i + \pi + \phi\beta\sum\varphi_i - c - c_s \quad (6.5)$$

6.2.3 政府最优监督机制

集中治污模式下，政府的决策目标是通过监管努力程度及成本、偷排处罚金额等的制订，影响治污企业治污收费定价决策，以及中小企业生产和排污决策，最终实现社会福利最大化。换言之，政府面临如下规划问题：

$$\max_{c,\beta,r,q_i,\varphi_i}\left(\sum \pi_i + \pi + \phi\beta\sum\varphi_i - c - c_s\right) \tag{6.6}$$

$$\text{s.t.} \pi_i\big|_{(q_i^*,\varphi_i^*)} \geqslant \pi_i\big|_{-(q_i^*,\varphi_i^*)}, i=1,2,\cdots,n \tag{6.7}$$

$$\pi\big|_{r^*} \geqslant \pi\big|_{-r^*} \tag{6.8}$$

$$c,\beta,r,q_i,\varphi_i,\pi_i,\pi \geqslant 0 \tag{6.9}$$

其中，式（6.6）为政府的目标函数，即实现社会福利最大化；式（6.7）和式（6.8）分别为中小企业和治污企业的激励相容约束条件，即使社会福利最大化下的 q_i^* 和 φ_i^* 也将实现中小企业 $i(i=1,2,\cdots,n)$ 的利润最大化，r^* 将实现治污企业利润最大化；式（6.9）为参与约束和非负约束。换言之，中小企业 i 和治污企业的利润非负，政府努力成本 c，处罚金额 β，治污收费 r，产量 q_i，偷排概率 φ_i 等决策变量均非负。

结论6.6：集中治污模式下，政府不可能通过监管和对中小企业偷排行为的处罚实现社会福利最优。

证明：化简式（6.5）可得，$SW = \sum(r_i - c_i) - \theta - c - c_s$。可以看出，社会福利随政府监管努力程度和成本的增加而降低，即政府不应进行排污监管，且中小企业不偷排，这时，社会福利实现最优，即 $SW = \sum(r_i - c_i) - \theta - c$。但是，若政府不进行排污监管，中小企业必然不会进行污染物治理，结果将导致社会成本提高（因治污成本低于污染物社会成本）。因此，政府不可能通过监管和对中小企业偷排行为的处罚来实现社会福利最优。结论6.6证毕。

结论6.6表明，政府虽可通过监管和对中小企业偷排行为的处罚来降低中小企业偷排行为和偷排量，但无法实现社会福利最优。这主要是由于集中治污模式下的社会福利函数中，中小企业的治污成本就是治污企业的治污收益；中小企业偷排而受到罚款所导致的成本就是政府的罚款收益，这两部分的收益和成本相互抵销，社会福利与治污企业治污收费 r 和政府处罚金额 β 无关,这时,政府加强监管就会增加成本,降低社会福利,因此政府就应不进行监管。但是若政府不监管,作为"完全理性人"的中小企业就不会将污染物排放到治污企业处,而是将所有污染物全部直接排放到环境中,造成更大的社会成本,导致社会福利损失,降低社会福利。

虽然结论 6.6 表明,政府的排污监管不可能实现社会福利最优,但政府仍然可通过加强监管和加大处罚力度来减少中小企业偷排行为,实现社会福利次优。

政府监督机制的制定顺序如下:首先由政府以社会福利最大化(次优解)为目标制订其监管努力成本 c 以及处罚金额 β;其次由治污企业按照政府的排污监管策略,以利润最大化为目标确定单位治污价格 r;最后由中小企业根据政府的排污监管策略和治污企业的单位治污价格,以利润最大化为目标确定其产品产量和污染偷排概率。本节采用逆向归纳法求解政府、治污企业和中小企业 $i(i=1,2,\cdots,n)$ 的最优策略。

首先,中小企业 $i(i=1,2,\cdots,n)$ 以其自身利润最大化为目标决定其产品产量,联立求解 $\dfrac{\partial \pi_i}{\partial q_i}=0$ 和 $\dfrac{\partial \pi_i}{\partial \varphi_i}=0$,可得中小企业 i 的最优产品产量 $q_i^*=q_i^*(r,c,\beta)$ 和偷排概率 $\varphi_i^*=\varphi_i^*(r,c,\beta)$。换言之,中小企业 i 的最优产品产量及偷排概率是政府的排污监管策略(监督努力成本和处罚金额)和治污企业的单位治污价格的反应函数,即给定政府对中小企业的排污监管策略 c 和 β,以及治污企业的单位治污价格 r,就有个相对应的中小企业 i 最优产品产量 q_i^* 和偷排概率 φ_i^*。

由于中小企业 $i(i=1,2,\cdots,n)$ 的产品收益,生产成本,排污量,污染物社会成本,治污企业的治污成本及收费定价,政府发现中小企业偷排行为的概率和处罚金额等均为共同知识。因此,治污企业就会

知道中小企业 i 的反应函数,也就会根据该反应函数以其自身利润最大化为目标,决定其最优单位治污价格 r^*。

将 q_i^* 和 φ_i^* 代入式(6.4),并求解 $\frac{\partial \pi}{\partial r}=0$ 可得治污企业的最优单位治污定价 $r^*=r^*(c,\beta)$,即治污企业的最优单位治污定价是政府排污监管策略的反应函数。换言之,给定政府确定的监管努力成本 c 以及处罚金额 β,就有个相对应的治污企业最优单位治污定价 r^*。由于治污企业的治污成本及收费也是共同知识,因此,政府就会知道治污企业的反应函数,也就会根据该反应函数以社会福利最大化为目标,确定最优监管努力成本 c^* 和处罚金额 β^*。

将 q_i^*、φ_i^* 和 r^* 式代入式(6.5),并联立求解 $\frac{\partial SW}{\partial c}=0$ 和 $\frac{\partial SW}{\partial \beta}=0$,可得政府的最优监管努力成本 c^* 及处罚金额 β^*。将 c^* 和 β^* 代入治污企业反应函数可得治污企业的最优单位治污价格 r^*。再将 c^*、β^* 和 r^* 代入中小企业 $i(i=1,2,\cdots,n)$ 的反应函数,可得其最优产品产量 q_i^* 和偷排概率 φ_i^*。最后将所有最优决策代入式(6.5)可得次优社会福利 SW^*。

6.2.4　监督效果分析

某地区有 20 家生产同一种产品的中小企业 $i(i=1,2,\cdots,20)$,其单位生产成本 $c_i=6$;产品反需求函数 $p=100-0.01\sum q_i$;污染物排放量 $e_i=eq_i$,其中,$e=1$ 为排污系数,即单位产品所生成的污染物数量;污染物社会成本 $c_s=\gamma e \sum \varphi_i q_i$,其中,$\gamma=10$ 为单位污染物社会成本。

为了实现治污规模经济,政府决定实施集中治污,由专业治污公司治理所有中小企业的污染物。治污企业治污成本 $\theta = \alpha \sum (1 - \varphi_i)q_i$,其中,$\alpha = 4$ 为治污企业单位治污成本。

为了规制中小企业排污行为,政府决定进行监督。政府监督发现中小企业偷排行为的概率 $\phi = \dfrac{c}{\xi c + \delta}$,其中,$\xi = 0.5$ 和 $\delta = 0.5$ 为政府监管的难度系数。换言之,ξ 和 δ 越大,监管难度越大,相同监管成本之下,政府发现中小企业偷排行为的概率越小。

通过逆向归纳法可以求得,政府的最优监管努力成本为 $c^* = 130.62$,最优处罚金额为 $\beta^* = 3\,022.7$;治污企业的最优单位治污价格为 $r^* = 53.31$,相应的最大利润为 $\pi^* = 101\,981$;中小企业 i($i = 1, 2, \cdots, 20$)最优产品产量为 $q_i^* = 112.533$ 和偷排概率为 $\varphi_i^* = 0.081$,相应的最大利润为 $\pi_i^* = 2\,045.91$,社会福利最优解为 $SW^* = 150\,678$。

由以上的最优解可以看出,由于治污企业在与中小企业的治污博弈中处于垄断者和领导者地位,因此,制订的单位治污价格非常高,为其单位治污成本的近 16 倍。如此高的单位治污价格迫使中小企业只能大幅降低产品产量,以降低排污量和治污成本,并以较大的概率采取偷排行为,最终导致社会福利的较大损失。

在此情况下,政府就必须进行适度的干预,如实施最高价格限制等措施。以政府将治污企业的最高单位治污价格限制为 20 为例,当政府把单位治污价格限制在 20 以内时,治污企业就会按上限定价,即治污企业最优单位治污价格为 $r^* = 20$。求解可得,在 $r^* = 20$ 的情况下,中小企业 i($i = 1, 2, \cdots, 20$)最优产品产量为 $q_i^* = 185$ 和偷排概率为 $\varphi_i^* = 0$,最大利润为 $\pi_i^* = 6\,845$;治污企业的最大利润为 $\pi^* = 59\,200$,政府的最优监管努力成本为 $c^* = 16.80$,最优处罚金额为

$\beta^* = 1\,960.1$,实现次优社会福利为 $SW^* = 196\,083$。

　　从对比可以看出,在政府进行指导定价的情况下,中小企业的利润增加了近 4 800,同时放弃偷排行为;政府的监管成本也大幅下降近 90%;社会福利得以大幅提升。当然,这一成效是以治污企业损失近 43 000 的利润为代价。治污企业不一定能接受这么高额的利润损失,这就可能导致集中治污的无法实施。为了弥补治污企业的利润损失,政府还可要求每家中小企业将其利润增加值转移一部分给治污企业,如,要求每家中小企业以固定治污费的形式支付治污企业 2 500,则每家中小企业最终实现利润增加 2 300,治污企业也实现利润增加 7 000,政府的这一机制实现了排污监管的帕累托改进。

第7章 政府与治污企业联合监督机制

集中治污模式下,专业治污公司因其在治污领域的专业技能,加上每天都在为中小企业提供治污服务。因此,与政府相比,专业治污公司所掌握的中小企业排污信息,无论是在信息量还是信息的真实性和可靠性上,都要远远超过政府。换言之,相比政府,专业治污公司在中小企业排污情况上具有信息优势。

此外,由于专业治污公司是按治污量向中小企业收取治污费,中小企业向其排放的污染物越多,其获得的收益也就越多。因此,作为逐利的经济人,专业治污公司自然希望所有的中小企业都将其全部污染物排放给它。换言之,治污公司有天然督促中小企业按政府要求排污的动力和激励。

政府若能有效利用专业治污公司的信息优势和监督中小企业排污的动力,可以有效解决政府在中小企业排污行为上的信息劣势,以及政府环保规制资源严重不足的问题。

本章考虑政府在对中小企业和治污企业排污行为进行监管的同时,将其部分监测职能"委托"给治污企业,与其联合对中小企业进行环保监管,以充分利用治污企业的信息优势,加强对中小企业的环保监管,研究集中治污模式下的政企联合监管机制,包括政府对专业治污企业和中小企业的监察频率及奖罚措施,治污企业对中小企业的监察频率等,分析联合监督机制对治污公司的治污定价和排污策略,以及中小企业生产和排污策略的影响,设计出政府联合治污企业共同监督中小企业排污的环保激励机制,提高对中小企业的监督效率和效果。

7.1 联合监督背景

市场上有多家中小企业生产同类产品,产品生产过程中会产生一定量的污染物,且污染物生成量与企业产品产量正相关。若污染物不经处理直接排放到环境中将会造成环境污染,降低社会福利,且污染物所造成的环境污染和社会福利损失程度与未治理污染物的排放量正相关。

中小企业规模小,生产及治污工艺较为落后,无法自行治污或治污难以达标;加之中小企业数量庞大,若每个企业各自购买治污设备进行治污,将无法达到规模经济而造成治污资源的巨大浪费;此外,中小企业选址十分分散,会极大增加政府监管的成本,因此,政府将中小企业集中到一起,并引入专业治污企业进行专业化集中治污。治污企业拥有治污价格的制订权,并按照中小企业的污染物排放量收取治污费用。

中小企业产品间的差异很小,一般也没有知名品牌,企业主要依靠低价格展开竞争,因此,如何降低产品总成本是每个中小企业最关心的问题。由于某一个中小企业偷排的污染物造成的环境污染和社会福利损失是由整个社会承担,该中小企业所承担的社会福利损失几乎可以忽略不计,而若中小企业按政府规定排放则要承担治污费用,因此,在排污监管机制缺失的情况下,"理性"企业必然尽可能将所有污染物不经治理直接排放,以减少治污成本和产品总成本,降低产品价格,提升产品市场竞争力。同样,对于"理性"治污企业而言,直接排放污染物,也能降低其运营成本而成为其占优策略。为此,政府需要对中小企业和治污企业的排污行为进行监管,并对偷排行为进行处罚。

集中治污模式下,治污企业作为中小企业的治污服务提供者,其对中小企业排污信息的获取和了解显然比政府更为便利,成本更低,效果更好。从降低社会成本,提高监管效率的角度出发,由治污企业承担部分对中小企业排污行为的监管是一种更好的选择。因此,政府委托治污企业进行监管,并承诺对其发现中小企业偷排行为进行奖励,同时,为了督促其加强监管,政府仍然会对中小企业进行一定的监管,并告知治污企业,若政府发现中小企业偷排行为而治污企业未能发现,则会对其进行处罚。

此外,集中治污模式下,不仅中小企业有偷排的倾向,治污企业同样存在偷排的可能,且由于治污企业收集到所有中企业排放的污染物,因此,治污企业的偷排行为将造成更大的环境破坏和社会福利损失,政府应对其进行更为严格的监控和处罚,以防止其偷排行为。

政府对中小企业和治污企业进行排污监管可有效减低其偷排概率,但会导致一定的监管成本。若政府监管不力,监管成本固然会下降,但会导致偷排概率大幅上升,造成更大的环境破坏和社会成本,导致社会福利的减少;若政府监管过度,可以很好地防范偷排行为,降低污染的社会成本,但却可能因监管成本过高而导致社会福利的减少。因此,作为以社会福利最大化为目标的政府,应该综合考虑中小企业的生产及排污情况、治污企业的治污能力、监管成本及偷排危害等因素,制订最适宜的监管策略(包括对排污行为的监管投入和力度,对偷排行为的处罚金额,以及对治污企业的奖/惩金额等),在保护环境的同时,促进中小企业发展,实现环保与经济发展的双赢。

7.2　联合监督博弈模型

某地区有 n 家中小企业,中小企业 $i(i=1,2,\cdots,n)$ 的产品生产成本和市场收益均为其产量的函数,分别为: $c_i=c_i(q_i)$ 和 $r_i=r_i(q_i)$;所有的中小企业在产品生产过程中会产生同一种污染物,且污染物生成量(即排放量)与产品产量相关,即中小企业 i 的排污量 $e_i=e_i(q_i)$。由于治污会产生费用,降低中小企业的利润,若政府不进行监管,中小企业必然将所有污染物进行直接排放,因此,政府会监管其排污行为,但即便如此,中小企业 i 仍有可能实施偷偷排放未经治理的污染物,且其偷排概率为 φ_i,即中小企业 i 向环境中直接排放污染物 $\varphi_i e_i$。

政府 G 将所有中小企业集中到一起进行生产,并要求中小企业将所有污染物排放给专业治污企业 E 进行治理。治污企业以单位治污价格 R,按照治污企业的排污量 $(1-\varphi_i)e_i$,向中小企业 $i(i=1,2,\cdots,n)$ 收取治污费用。治污企业为了最大化其自身利润,同样可能采取偷排行为,其偷排概率为 φ_E,即向环境中直接排放污染物 $\varphi_E Q$,其实际治污量为 $(1-\varphi_E)Q$,其中,Q 为所有中小企业向其排放的污染物总量,$Q=\sum(1-\varphi_i)e_i$。治污企业的治污成本为治污量的函数,即 $\theta=\theta(1-\varphi_E)Q$,由于现实中绝大多数企业的规模均在经济规模范围内,因

157

此,本章考虑治污企业的规模处于经济规模范围内。

污染物直接排放到环境中会造成环境污染,进而产生相应社会成本(即造成一定社会福利损失),且污染物直接排放所导致的社会成本为直排数量的函数,即污染物社会成本 $C_S = C_S(\sum \varphi_i e_i + \varphi_E Q)$,其中, $\sum \varphi_i e_i + \varphi_E Q$ 为中小企业和治污企业直排污染物的数量总和。显然,在治污数量与污染物直接排放数量相等的情况下,治污成本低于污染物社会成本,即 $\theta < C_S$,因此,有必要进行污染物治理。

为了防范中小企业偷排行为,政府决定加强监管和加大处罚力度。显然,在集中治污模式下,由治污企业对中小企业进行监管更为高效,因此,政府不仅将治污责任委托给治污企业,还将其部分监管职能"委托"给治污企业,由其对中小企业排污行为进行监管,并承诺若其发现中小企业偷排,将按向中小企业收取罚金 β_S 的一定比例 ξ_1 对其进行奖励;同时,为了防止治污企业偷懒,政府部门仍然会对中小企业排污行为进行监管,并通告治污企业,若政府发现中小企业偷排,而治污企业未能发现,则按向中小企业收取罚金 β_S 的一定比例 ξ_2 对其进行处罚。对中小企业进行监管需要付出一定努力程度和成本,政府部门和治污企业发现中小企业偷排的概率均为其努力程度和成本的函数,即 $\phi_j = \phi_j(c_j)$,且满足 $\phi_j(0) = 0$, $\phi_j(\infty) = 1$, $\phi_j'(c_j) > 0$, $\phi_j''(c_j) < 0$, $j = G, E$,即不进行监管,则发现中小企业偷排偷放的概率为0,若要发现中小企业所有的偷排偷放行为,则需要付出非常巨大的成本,提高监管努力程度和成本会提高其发现中小企业偷排偷放的概率,但努力的边际效用递减。由于治污企业对中小企业进行监管更为高效,因此,给定任意 $c_G = c_E$,均有 $\phi_G(c_G) < \phi_E(c_E)$ 。

集中治污模式下,不仅中小企业可能采取偷排行为,治污企业同样可能将污染物不经处理直接排放到环境中,因此,政府部门还会对治污企业进行监管,且政府部门发现治污企业偷排的概率也为其努力程度和成本的函数,即 $\phi_g = \phi_g(c_g)$,且满足 $\phi_g(0) = 0$, $\phi_g(\infty) = 1$, $\phi_g'(c_g) > 0$, $\phi_g''(c_g) < 0$。政府对治污企业偷排行为的罚金为 β_E。

中小企业 $i(i = 1, 2, \cdots, n)$ 的生产成本函数 c_i,市场收益函数 r_i,排污量函数 e_i,污染物社会成本函数 C_S,治污企业的治污成本函数 θ 及收费价格 R,政府和治污企业发现偷排行为的概率函数 ϕ_j, $j = G, E, g$,处罚金额 β_l, $l = S, E$,以及治污企业奖/罚比例 ξ_m, $m = 1, 2$,均为共同知识。

由于污染物所导致的社会成本是由全社会来承担,而排污企业只是全社会极小的一部分,因此,本章假设排污企业所承担污染物社会成本为 0。由此可得,中小企业 $i(i = 1, 2, \cdots, n)$ 的利润为:

$$\pi_i(q_i, \varphi_i) = r_i - c_i - R(1 - \varphi_i)e_i - (\phi_G + \phi_E - \phi_G\phi_E)\phi_i e_i \beta_S,$$
$$i = 1, 2, \cdots, n \tag{7.1}$$

治污企业的利润为:

$$\pi(R, c_E, \varphi_E) = RQ + [\phi_E\xi_1 - (1 - \phi_E)\phi_G\xi_2]\beta_S \sum \varphi_i e_i -$$
$$\beta_E \phi_g \varphi_E Q - \theta - c_E \tag{7.2}$$

政府效用(即社会福利)为:

$$SW(c_j, \xi_m, \beta_l, q_i, \varphi_i, R) = \sum \pi_i + \pi +$$
$$[\phi_E(1 - \xi_1) + \phi_G(1 - \phi_E)(1 + \xi_2)]\beta_S \sum \varphi_i e_i +$$
$$\beta_E \phi_g \varphi_E Q - c_g - c_G - C_S, j = G, E, g, m = 1, 2, l = S, E \tag{7.3}$$

在集中治污模式下,政府的决策目标是通过监管投入及成本、偷排处罚金额和治污企业奖/惩比例等的制订,影响治污企业治污收费、监管和排污决策,以及中小企业生产和排污决策,使社会福利最大化。因此,政府要面临如下规划问题:

159

$$\max_{c_j,\xi_m,\beta_l,q_i,\varphi_i,R} SW(c_j,\xi_m,\beta_l,q_i,\varphi_i,R), i=1,2,\cdots,n, j=G,E,g,$$

$$m=1,2, l=S,E \tag{7.4}$$

$$\text{s.t.} \pi_i\big|_{(q_i^*,\varphi_i^*)} \geqslant \pi_i\big|_{-(q_i^*,\varphi_i^*)} \tag{7.5}$$

$$\pi_i\big|_{(q_i^*,\varphi_i^*)} \geqslant 0 \tag{7.6}$$

$$\pi\big|_{(R^*,c_E^*,\varphi_E^*)} \geqslant \pi\big|_{-(R^*,c_E^*,\varphi_E^*)} \tag{7.7}$$

$$\pi\big|_{(R^*,c_E^*,\varphi_E^*)} \geqslant 0 \tag{7.8}$$

$$c_j,\xi_m,\beta_l,q_i,\varphi_i,\rho_E,R \geqslant 0 \tag{7.9}$$

其中,式(7.4)为政府排污监管的目标函数,即社会福利最大化;式(7.5)和式(7.7)分别为中小企业和治污企业的激励相容约束,即使社会福利最大化的 q_i^* 和 φ_i^* 将最大化中小企业 $i(i=1,2,\cdots,n)$ 利润, R^*, c_E^* 和 φ_E^* 将使治污企业利润最大化;式(7.6)和式(7.8)分别为中小企业和治污企业的参与约束,即中小企业 i 和治污企业的利润非负,式(7.9)为非负约束,即政府和治污企业监管成本 $c_j(j=G,E,g)$,处罚金额 $\beta_l(l=S,E)$,治污收费 R,奖/罚比例 $\xi_m(m=1,2)$,产量 q_i,偷排概率 φ_i,ρ_E 等决策变量非负。

求解以上规划问题,可得结论7.1。

结论7.1: 在集中治污模式下,当政府和治污企业的监管成本不为0时,政府无法通过监管以及对偷排行为的处罚和对治污企业的奖惩来实现社会福利最大化。

证明:化简式(7.3)可得, $SW=\sum(r_i-c_i)-\theta-\sum\limits_{j=g,G,E}c_j-C_S$,可以看出,仅当政府和治污企业的监管成本为0,或即使没有监管的情况下,中小企业和治污企业也不会偷排时,社会福利才会实现最大化,即, $SW=\sum(r_i-c_i)-\theta$。但这显然是不可能的,只要政府和治污企业进行监管就必然产生监管成本;而一旦没有监管,中小企业就必然将所有污染物直接排放到环境中,从而提高社会成本(因治污成本低于污染物社会成本)。因此,只要政府和治污企业的监管成本不为 0,政府就无法通过监管以及对偷排行为的处罚和对治污企业的奖惩来实现社会福利最大化。结论 7.1 证毕。

结论 7.1 表明,政府虽然可以通过加强监管和奖惩等措施减少中小企业和治污企业的偷排行为,但是无法使社会福利最大化。这主要是因为,在集中治污模式下,社会福利函数中,治污企业的治污收益就是中小企业的治污成本;中小企业和治污企业因偷排而承担的惩罚成本,即为政府的收入和治污企业得到的奖励。因此,这两部分收益和成本相抵销,社会福利与治污收费 R,处罚金额 $\beta_l(l=S,E)$ 以及奖/罚比例 $\xi_m(m=1,2)$ 无关,则政府加强排污监管必然增加社会成本,降低社会福利,故只要监管成本不为 0,政府就不应监管。但是,若政府放弃排污监管,则由于中小企业所承担污染物社会成本几乎为 0,因此以利润最大化为目标的中小企业必然不会将污染物排放给治污企业而承担额外的治污成本,而是将污染物全部不经治理直接排放,结果导致更大的社会成本,进而降低社会福利。

虽然政府无法通过排污监管实现社会福利最优,但是,只要政府加强监管所增加的成本低于因此减少的污染物社会成本,即, $\left| \Delta \sum\limits_{j=g,G,E} c_j \right| < |\Delta C_S|$,则政府就有必要通过加强监管和奖惩力度来减少中小企业和治污企业的偷排行为,从而实现社会福利的次优。

7.3　联合监督机制设计

集中治污模式下,排污监管博弈顺序如下:首先,由政府制订其监管策略,包括监管努力成本 c_g 和 c_G,处罚金额 $\beta_l(l=S,E)$ 以及奖/罚比例 $\xi_m(m=1,2)$;其次,由治污企业根据政府监管策略,以其利润最大化为目标制订单位治污价格 R,监管努力成本 c_E 和偷排概率 φ_E;最后,由中小企业 $i(i=1,2,\cdots,n)$ 根据政府监管策略和治污企业的相应决策,以自身利润最大化为目标制订其产量 q_i 和偷排概率 φ_i。本章将用逆向归纳法求政府、治污企业及中小企业 i 的最优决策。

首先,中小企业 $i(i=1,2,\cdots,n)$ 以利润最大化为目标确定产量和偷排概率。由于中小企业对于偷排和按要求进行排放这两种策略并没有特殊偏好,因此,中小企业进行偷排概率决策的标准是使偷排和向治污企业排放的期望成本相等,即 $R(1-\varphi_i)e_i = (\phi_G+\phi_E-\phi_G\phi_E)\varphi_i e_i \beta_S$,求解可得中小企业 i 的最优偷排概率为:

$$\varphi_i^* = \frac{R}{R + (\phi_G + \phi_E - \phi_G \phi_E)\beta_S}, i = 1,2,\cdots,n \qquad (7.10)$$

由式(7.10)可得结论 7.2 如下。

结论 7.2:中小企业 $i(i=1,2,\cdots,n)$ 的最优偷排概率随治污企业单位治污价格 R 的增大而上升,随政府和治污企业发现其偷排行为的概率 ϕ_G 和 ϕ_E(即政府和治污企业的努力成本),以及所面临罚金 β_S 的增大而下降。

证明:分别求中小企业 $i(i=1,2,\cdots,n)$ 最优偷排概率 φ_i^* 关于单位治污价格 R,偷排行为被发现概率 ϕ_G 和 ϕ_E,以及所面临罚金 β_S 的一阶偏导数可得,$\dfrac{\partial \varphi_i^*}{\partial R} = \dfrac{(\phi_G+\phi_E-\phi_G\phi_E)\beta_S}{[R+(\phi_G+\phi_E-\phi_G\phi_E)\beta_S]^2} > 0$,$\dfrac{\partial \varphi_i^*}{\partial \phi_G} = \dfrac{-(1-\phi_E)R\beta_S}{[R+(\phi_G+\phi_E-\phi_G\phi_E)\beta_S]^2} < 0$,$\dfrac{\partial \varphi_i^*}{\partial \phi_E} = \dfrac{-(1-\phi_G)R\beta_S}{[R+(\phi_G+\phi_E-\phi_G\phi_E)\beta_S]^2} < 0$ 和 $\dfrac{\partial \varphi_i^*}{\partial \beta_S} = \dfrac{-R(\phi_G+\phi_E-\phi_G\phi_E)}{[R+(\phi_G+\phi_E-\phi_G\phi_E)\beta_S]^2} < 0$,因此,中小企业 i 的偷排概率随治污企业

单位治污价格的增大而上升,随政府和治污企业发现其偷排行为的概率以及所面临罚金的增大而下降。结论7.2证毕。

结论7.2表明,由于治污收费越高,中小企业按规定排放的成本越大,因此中小企业就会提高其偷排的概率;反之,其偷排行为被发现的概率和面临的罚金越大,其偷排的成本就越大,中小企业就会降低其偷排的概率。

在确定了偷排概率之后,中小企业 $i(i=1,2,\cdots,n)$ 需要确定其产量 q_i,将式(7.10)代入式(7.1)并求中小企业 i 的利润 π_i 关于其产量 q_i 的一阶偏导数可得:

$$\frac{\partial \pi_i}{\partial q_i} = r'_i - c'_i - e'_i\omega, i=1,2,\cdots,n \qquad (7.11)$$

其中,$\omega = \dfrac{2R\beta_S(\phi_G+\phi_E-\phi_G\phi_E)}{R+(\phi_G+\phi_E-\phi_G\phi_E)\beta_S}$。

求解 $\partial \pi_i/\partial q_i = 0$ 可得中小企业 $i(i=1,2,\cdots,n)$ 的最优产量 $q_i^* = q_i^*(R,\beta_S,c_G,c_E)$,即中小企业 i 的最优产量为治污企业的单位治污价格 R 和政府及治污企业监管努力成本 c_G 和 c_E 的反应函数。换言之,给定单位治污价格和监管努力成本,就有一个对应的中小企业 i 最优产量。

由式(7.11)可得结论7.3如下。

结论7.3:中小企业 $i(i=1,2,\cdots,n)$ 的最优产量 q_i^* 随治污企业单位治污价格 R,政府和治污企业发现其偷排行为的概率 ϕ_G 和 ϕ_E(即政府和治污企业的努力成本),以及所面临罚金 β_S 的增大而下降。

证明:分别求中小企业 $i(i=1,2,\cdots,n)$ 最优产量 q_i^* 关于单位治污价格 R,偷排行为被发现概率 ϕ_G 和 ϕ_E,以及所面临罚金 β_S 的一阶偏导数可得,$\dfrac{\partial q_i^*}{\partial R} = \dfrac{e'_i\omega^2}{2(r''_i-c''_i-e''_i\omega)R^2}$,$\dfrac{\partial q_i^*}{\partial \phi_G} = \dfrac{(1-\phi_E)e'_i\omega^2}{2(r''_i-c''_i-e''_i\omega)(\phi_G+\phi_E-\phi_G\phi_E)^2\beta_S}$,

$$\frac{\partial q_i^*}{\partial \phi_E} = \frac{(1-\phi_G)e_i'\omega^2}{2(r_i''-c_i''-e_i''\omega)(\phi_G+\phi_E-\phi_G\phi_E)^2\beta_S} \quad 和 \quad \frac{\partial q_i^*}{\partial \beta_S} = \frac{e_i'\omega^2}{2(r_i''-c_i''-e_i''\omega)(\phi_G+\phi_E-\phi_G\phi_E)\beta_S^2}。$$

其中，$r_i''-c_i''-e_i''\omega$ 为中小企业 i 产量 q_i 的边际利润的变化率，显然，企业的边际利润递减，因此，$r_i''-c_i''-e_i''\omega<0$。由此可得，$\frac{\partial q_i^*}{\partial R}<0$，$\frac{\partial q_i^*}{\partial \phi_G}<0$，

$\frac{\partial q_i^*}{\partial \phi_E}<0$ 和 $\frac{\partial q_i^*}{\partial \beta_S}<0$，即中小企业最优产量随治污企业单位治污价格，政府和治污企业发现其偷排行为的概率及所面临罚金的增大而下降。结论 7.3 证毕。

结论 7.3 表明，当治污企业单位治污价格，中小企业偷排行为被发现的概率及所面临罚金增大时，中小企业会降低其产量。这主要是因为，当以上参数中的任何一项变大，中小企业的排污成本（包括偷排和按规定排放）就会变大，因此，为了降低成本，中小企业就会降低产量，从而减少排污量和排污成本。

结论 7.4: 集中治污模式下，政府需对治污企业的收费定价进行指导管理，以增加社会福利。

证明:由结论 7.2 和结论 7.3 可知，当政府和治污企业加大对中小企业的排污监管力度，或提高对其偷排行为的处罚金额时，可以减少中小企业偷排行为，降低环境污染，提高社会福利，但同时也会导致中小企业的产量减少，提高监管成本，进而导致社会福利的损失。因此，政府必须对此进行权衡，而非一味地提高处罚金额以威慑中小企业，或提高对治污企业的奖惩力度，以激励其提高监管力度。此外，治污企业治污价格的提高，不仅会增加中小企业偷排行为，还会降低中小企业产量，造成社会福利的双重损失，导致市场失灵，因此，政府不能完全让治污企业自主定价，应对其治污定价进行必要的引导。

结论 7.4 证毕。

结论 7.4 表明,集中治污模式下治污企业形成了自然垄断,必然会利用其垄断地位,制订高额的治污收费价格以获取垄断利润,从而导致中小企业排污量和产量减少,降低社会福利。因此,政府需要对其定价行为进行指导调控,如通过在核定成本和加成比例的基础上,以成本加成定价法设定指导价格,实现增加社会福利的目的(如案例 8.4 中的浙江松阳工业园区就是采用该方法对治污企业进行指导定价)。

由于中小企业 $i(i=1,2,\cdots,n)$ 的生产成本函数,市场收益函数,排污量函数,污染物社会成本函数,治污企业的治污成本函数及收费价格,政府和治污企业发现偷排行为的概率函数,处罚金额,以及治污企业奖/罚比例等均为共同知识。因此,治污企业就会知道中小企业 i 的反应函数,并根据该反应函数以自身利润最大化为目标,决定其最优单位治污价格 R^*,监管努力成本 c_E^* 和偷排概率 φ_E^*。

与中小企业一样,治污企业对于偷排和按要求进行排放两种策略没有偏好,其决策标准也是使这两种策略的期望成本相等,即 $\beta_E\phi_g\varphi_E Q=\theta[(1-\varphi_E)Q]$,求解可得治污企业的最优偷排概率为:

$$\varphi_E^*=\frac{\theta[(1-\varphi_E^*)Q]}{\beta_E\phi_g Q} \tag{7.12}$$

在最优偷排概率下的治污企业边际偷排成本为 $\dfrac{\partial\beta_E\phi_g\varphi_E Q}{\partial Q}=\beta_E\phi_g\varphi_E^*$,

边际治污成本为 $\dfrac{\partial\theta'[(1-\varphi_E^*)Q]}{\partial Q}=\theta'[(1-\varphi_E^*)Q](1-\varphi_E^*)$,则由式 (7.12)可得结论 7.5 如下。

结论 7.5:治污企业的最优偷排概率 φ_E^* 随政府发现其偷排行为的概率 ϕ_g 和所面临罚金 β_E 的增大而下降;当治污企业的边际偷排成

本大于有偷排行为时的边际治污成本时,其最优偷排概率 φ_E^* 随所接收的污染物总量 Q 的增大而下降,反之,则随之上升。

证明:分别求治污企业的最优偷排概率 φ_E^* 关于政府发现其偷排行为的概率 ϕ_g,其面临罚金 β_E,及其接收的污染物总量 Q 的一阶偏导数可得,

$$\frac{\partial \varphi_E^*}{\partial \phi_g} = -\frac{\varphi_E^* \beta_E Q}{Q\{\beta_E \phi_g + \theta'[(1-\varphi_E^*)Q]\}} < 0, \frac{\partial \varphi_E^*}{\partial \beta_E} = -\frac{\varphi_E^* \phi_g Q}{Q\{\beta_E \phi_g + \theta'[(1-\varphi_E^*)Q]\}} < 0,$$

$$\frac{\partial \varphi_E^*}{\partial Q} = -\frac{\beta_E \phi_g \varphi_E^* - \theta'[(1-\varphi_E^*)Q](1-\varphi_E^*)}{Q\{\beta_E \phi_g - \theta'[(1-\varphi_E^*)Q]\}}。\text{因此,治污企业的最优偷排}$$

概率随政府发现其偷排行为的概率和所面临罚金的增大而下降。

显然,当治污企业的边际偷排成本大于有偷排行为时的边际治污成本时,即 $\beta_E \phi_g \varphi_E^* > \theta'[(1-\varphi_E^*)Q](1-\varphi_E^*)$ 时,$\frac{\partial \varphi_E^*}{\partial Q} < 0$。因此,治污企业的最优偷排概率随所接收的污染物总量的增大而下降。反之,则随之上升。结论 7.5 证毕。

结论 7.5 表明,治污企业的最优偷排概率总是随其偷排行为被发现的概率和所面临罚金的增大而降低;当治污企业的边际偷排成本大于有偷排行为时的边际治污成本时,其最优偷排概率随所接收污染物总量的增大而降低,反之则随之上升。这主要是因为,偷排行为被发现的概率和所面临罚金的增大,提高了治污企业的偷排成本,因此,治污企业就会降低偷排概率以节约偷排成本。当其边际偷排成本大于有偷排行为时的边际治污成本时,随着所接收的污染物总量增大时,偷排成本增加得更多。因此,治污企业就会降低偷排概率以减少偷排成本;反之,就会提高偷排概率以减少治污成本。

结论 7.5 的现实意义是,由于政府监管目标是希望随着其加强监管力度和加大偷排处罚力度,或中小企业向治污企业的排污量增加

时,治污企业会减少偷排行为,从而降低环境污染,而当政府制定的治污企业偷排罚金过低或监管力度不足,从而使得治污企业的边际偷排成本低于边际治污成本时,治污企业会随着所接收的排污总量的提高而加大偷排概率,就会对环境造成加倍的破坏。因此,政府应在法律规定及治污企业承受能力的范围内,尽可能对治污企业偷排行为的制定高额罚金,从而增大治污企业的边际偷排成本,减少其偷排行为,尤其是治污量增大时的偷排行为,要实现政府监管目标。由此可得结论 7.6 如下。

结论 7.6:政府应在法律规定及治污企业承受能力的范围内,尽可能对治污企业偷排行为的制定高额罚金,以规范治污企业的行为。

证明:结论 7.6 的证明可由以上分析得出。结论 7.6 证毕。

治污企业在确定其偷排概率之后将决定其最优监管成本 c_E^* 和单位治污价格 R^*。将 q_i^*,φ_i^* 和 φ_E^* 代入式(7.2),并分别求治污企业利润 π 关于监管成本 c_E 和单位治污价格 R 的一阶偏导数等于的 0 解,即,$\frac{\partial \pi}{\partial c_E} = 0$ 和 $\frac{\partial \pi}{\partial R} = 0$,可得治污企业最优监管成本 $c_E^* = c_E^*(c_g, c_G, \beta_S, \beta_E, \xi_1, \xi_2)$ 和单位治污价格 $R^* = R^*(c_g, c_G, \beta_S, \beta_E, \xi_1, \xi_2)$,即治污企业的最优监管成本和单位治污价格为政府排污监管策略的反应函数。换言之,给定政府的监管努力成本 c_g 和 c_G,处罚金额 β_S 和 β_E,以及奖/惩比例 ξ_1 和 ξ_2,就有一个对应的治污企业最优监管成本 c_E^* 和单位治污价格 R^*。由于治污企业的治污成本及收费也是共同知识,因此,政府知道治污企业的反应函数,就会根据该反应函数以社会福利最大化为目标,制订其排污监管策略。

政府的排污监管目标是要通过监管策略的制订,包括监管努力成本 c_g 和 c_G,处罚金额 β_S 和 β_E,以及奖/惩比例 ξ_1 和 ξ_2,实现社会福利最大化。将 q_i^*，φ_i^*，c_E^*，R^* 和 φ_E^* 代入式（7.3），并求社会福利 SW 关于监管努力成本 c_g 和 c_G，处罚金额 β_S 和 β_E，以及奖/惩比例 ξ_1 和 ξ_2 的一阶偏导数等于 0 的解，即，$\dfrac{\partial SW}{\partial c_g}=0$，$\dfrac{\partial SW}{\partial c_G}=0$，$\dfrac{\partial SW}{\partial \beta_S}=0$，$\dfrac{\partial SW}{\partial \beta_E}=0$，$\dfrac{\partial SW}{\partial \xi_1}=0$ 和 $\dfrac{\partial SW}{\partial \xi_2}=0$，可得政府的最优监管策略 c_g^*，c_G^*，β_S^*，β_E^*，ξ_1^* 和 ξ_2^*。

将政府的最优监管策略代入治污企业的反应函数，即可得到其监管成本 c_E^*，单位治污价格 R^* 和偷排概率 φ_E^*；进一步代入中小企业 $i(i=1,2,\cdots,n)$ 的反应函数，则可得其最优产品产量 q_i^* 和偷排概率 φ_i^*，并最终得到次优社会福利 SW^*。

7.4　联合监督效果分析

某地区有 10 家制造同一产品的中小企业，中小企业 $i(i=1,2,\cdots,10)$ 生产成本和产品市场收益分别为 $c_i=50q_i$ 和 $r_i=10q_i(15-q_i)$，生产过程中污染物生成量为 $e_i=2q_i$，污染物直接排放到环境中将导致一定社会成本，单位污染物的社会成本为 15。为了提高治污效率，政府将这 10 家企业集中到一起进行生产，由专业治污企业以 $\theta=5Q$ 的治污成本进行治污，并按 R 的单位治污价格收取治污费用。为了降低成本，中小企业和治污企业会以 φ_i 和 φ_E 的概率偷排污染物，因此，治污企业的污染物治理量为 $Q=20(1-\varphi_E)(1-\varphi_1)q_i$。政府委托治污企业对中小企业排污行为进行监管，并承诺若其发现中小企业偷排，则按一定比例 ξ_1 将收取的中小企业罚金 β_S 进行奖励；而若政府发现中小企业偷排，但治污企业没有发现，则处以 $\xi_2\beta_S$ 的处罚；治污企业和政府发现中小企业偷排行为的概率为 $\phi_E = \dfrac{5c_E}{5c_E+2}$ 和 $\phi_G =$

$\dfrac{5c_G}{5c_G+3}$。此外,政府若发现治污企业偷排,将对其处以 β_E 的处罚,政府

发现治污企业偷排的概率为 $\phi_g = \dfrac{10c_g}{10c_g+3}$。根据国家相关法律规定及

当地的实际情况,政府所收取罚金 β_S 和 β_E 的上限分别为 90 和 100。

　　政府的决策目标是要通过监管机制,包括监管投入 c_G 和 c_g,罚金 β_S 和 β_E,以及奖/惩比例 ξ_1 和 ξ_2 的确定,影响治污企业的运营和监管策略,包括单位治污价格 R,偷排概率 φ_E 和监管投入 c_E,进而影响中小企业的生产及排污策略,包括产量 q_i 和偷排概率 φ_i,以使社会福利最大化,实现中小企业发展和环境保护的双赢。

　　求解可得,政府的最优监管投入为 $c_G^* = 2.1$ 和 $c_g^* = 6$,最优罚金为 $\beta_S^* = 90$ 和 $\beta_E^* = 100$,奖/惩比例为 $\xi_1^* = 1.0$ 和 $\xi_2^* = 0.1$;在此监管机制下,治污企业的单位治污价格 $R^* = 17.71$,偷排概率 $\varphi_E^* = 0.05$,监管投入 $c_E^* = 13.87$;中小企业产量和偷排概率分别为 $q_i^* = 2.04$ 和 $\varphi_i^* = 0.16$。最终实现社会福利 $SW^* = 1\,019.11$,治污企业利润 $\pi_E^* = 855.74$,中小企业利润 $\pi_i^* = 41.77$。

　　若政府放弃利用治污公司的信息优势,仍然采取单独监督的方式对中小企业和治污公司进行监督,则求解可得,政府的最优监管投入为 $c_G^* = 11.65$ 和 $c_g^* = 6.50$,最优罚金为 $\beta_S^* = 90$ 和 $\beta_E^* = 100$;在此监管机制下,治污企业的单位治污价格 $R^* = 20.87$,偷排概率 $\varphi_E^* = 0.05$;中小企业产量和偷排概率分别为 $q_i^* = 1.64$ 和 $\varphi_i^* = 0.20$。最终实现社会福利 $SW^* = 842.27$,治污企业利润 $\pi_E^* = 300.53$,中小企业利润 $\pi_i^* = 27.05$。

对比可以看出政府单独进行监督时,政府需明显增加其监管投入,尤其是对治污企业的监管投入。治污企业由于失去了来自政府的奖励,就会提高治污价格来增加收益。中小企业在少了治污企业这个强大的监督者,且面临更高的治污价格的情况下,被迫在降低产量的同时(从 2.06 降到 1.64,降幅 20.4%),提高其偷排概率(从 0.16 提高到 0.20,增幅 25%),其偷排总量则几乎没变,最终导致治污企业利润、中小企业利润及社会福利的大幅下降。

此外,从联合监督的最优解可以看出,若政府完全在市场机制下进行集中治污,由治污企业完全自主制订治污收费价格,治污企业将凭借其垄断地位制订高额的治污价格(其治污价格甚至超过了污染物的社会成本),以此获得垄断利润。在过高的治污价格下,中小企业的偷排概率高达 0.16,从而导致严重的环境污染和社会福利损失。因此,政府不能完全由治污企业自主制订治污价格,应对其定价行为进行指导。

若政府限定单位治污价格 R 的上限为 10,则求解可得,政府的最优监管投入为 $c_G^* = 2.02$ 和 $c_g^* = 4.01$,最优罚金为 $\beta_S^* = 90$ 和 $\beta_E^* = 100$,奖/惩比例为 $\xi_1^* = 0.18$ 和 $\xi_2^* = 0.07$;在此监管机制下,治污企业的单位治污价格 $R^* = 10$,偷排概率 $\varphi_E^* = 0.05$,监管投入 $c_E^* = 6.39$;中小企业产量和偷排概率分别为 $q_i^* = 3.2$ 和 $\varphi_i^* = 0.1$。最终实现社会福利 $SW^* = 1\,420.45$,治污企业利润 $\pi_E^* = 119.91$,中小企业利润 $\pi_i^* = 102.56$。

可以看出,在政府指导定价下,中小企业产量大幅提高,偷排行为大幅减少,政府和中小企业的监管投入也有所降低,中小企业利润和社会福利得到极大增加。但是,由于这些成效建立在治污企业利润大幅降低的基础上,因此,政府在指导治污企业定价行为时一定要注意各方利益的均衡。

第 8 章　政府指导下的治污定价机制

　　集中治污是运用市场机制解决中小企业污染治理问题的有效措施。然而,自我国开始实施集中治污以来,作为集中治污中的关键环节,治污企业的治污定价是否应该完全市场化运作,就一直是全社会关注和争论的焦点。其主要的争论问题是,专业治污公司在给中小企业集中治污中处于完全垄断地位,若完全市场化确定治污收费价格是否会促使中小企业偷排污染物,或迫使中小企业大量减产,导致社会福利损失,政府是否以及如何干预治污收费定价。

　　本章将通过对比分析完全市场化制订治污价格和在政府指导下定价情况下的治污企业定价行为,以及相应的中小企业的生产和排污行为及社会福利,尝试解答政府是否该干预治污收费定价,该在什么情况下及如何干预治污定价等问题,促使治污企业合理定价,保障集中治污得以有效实施。

8.1　集中治污定价背景

　　市场上有 n 家中小企业 $i(i=1,2,\cdots,n)$ 以 c_i 的单位生产成本制造同一种产品,该产品的反需求函数为 $r = a - b\sum_{i=1}^{n} q_i$,其中,$a>0$,$b>0$,$q_i$ 为中小企业 i 的产品产量。中小企业 i 在生产过程中产生的污染物数量 e_i 为其产品产量 q_i 的线性函数,即 $e_i = \alpha_i q_i$,其中,α_i 为中小企业 i 的排污系数,α_i 越大,中小企业 i 每制造单位产品所生成的污染物越多,即中小企业 i 对环境的污染越大。

为了降低中小企业排污量,政府决定采取分配排污指标的措施,根据区域的环境质量目标等设定地区排污总指标 $\overline{L}$,以及中小企业 $i(i=1,2,\cdots,n)$ 的排污指标 $l_i^0\left(\sum_{i=1}^{n} l_i^0 = \overline{L}\right)$,在指标范围内,中小企业可以直接排污,超出指标部分则需要治理后才能排放。若中小企业 i 由其自己治污,将以 γ_i 的边际治污成本治污,因此,其治污费用为 $\gamma_i v_i$,其中,v_i 为企业 i 的超标排污量($v_i = e_i - l_i^0$)。此外,由于政府通过在线监控及高额的违规排放处罚等措施,使得中小企业不敢违规排放。

政府将该地区所有中小企业集中到一起进行生产,并引入专业治污企业对污染物进行集中治理,由治污企业根据中小企业的污染物排放量向其收取治污费用。当然,治污企业并不是将中小企业的所有污染物都进行治理,若中小企业 i 排放的污染物在排污指标范围内,治污企业无须治理,超过排污指标范围的污染物就需要由治污企业治理后再进行排放。治污企业的单位污染物治理成本为 c,并按治污量(即中小企业超标排放量)以 p^0 的单位治污价格向中小企业收取治污费用。由于专业治污企业在集中治污中处于完全垄断地位和领导者地位,因此,能根据中小企业的生产和排污情况,以自身利润最大化为目标制订治污收费价格。

中小企业 $i(i=1,2,\cdots,n)$ 的单位生产成本 c_i,产品反需求函数 $r=$

$a - b \sum\limits_{i=1}^{n} q_i$，污染物排放数量 e_i，排污指标 l_i^0，专业治污企业的单位污染物治理成本 c 等均为政府、中小企业和治污企业的共同知识。

8.2　治污收费定价机制

若中小企业由其自己治污，其利润为：

$$\pi_i = rq_i - c_i q_i - \gamma_i \nu_i, \ i = 1, 2, \cdots, n \tag{8.1}$$

集中治污模式下，中小企业只需向治污企业缴纳一定治污费用就可将生产过程中的所有污染物交由其处理，治污企业则只需对其中超出排污指标范围的污染物进行治理，并按治污量向中小企业收取一定治污费用。

由此可得，中小企业 $i(i = 1, 2, \cdots, n)$ 和治污企业的利润分别为：

$$\widetilde{\pi}_i = r\widetilde{q}_i - c_i \widetilde{q}_i - p^0 \widetilde{v}_i, \ i = 1, 2, \cdots, n \tag{8.2}$$

$$\pi = (p^0 - c) \sum_{i=1}^{n} \widetilde{v}_i \tag{8.3}$$

8.2.1　市场化定价机制

若中小企业由其自己治污，求解 $\dfrac{\partial \pi_i}{\partial q_i} = 0$ 可得中小企业 $i(i = 1, 2, \cdots, n)$ 的最优产量为：

$$q_i^* = \frac{a - b \sum\limits_{j=1, j \neq i}^{n} q_j^* - c_i - \gamma_i \alpha_i}{2b}, \ i = 1, 2, \cdots, n \tag{8.4}$$

中小企业 $i(i = 1, 2, \cdots, n)$ 最优利润及相应的社会福利分别为：

$$\pi_i^* = a + \gamma_i \alpha_i l_i^0 - \frac{\left(a - b \sum_{j=1,j\neq i}^{n} q_j^* - c_i - \gamma_i \alpha_i \right)^2}{4b} -$$

$$\frac{\left(b \sum_{j=1,j\neq i}^{n} q_j^* + \gamma_i \alpha_i \right) \left(a - b \sum_{j=1,j\neq i}^{n} q_j^* - c_i - \gamma_i \alpha_i \right)}{2b}, i = 1,2,\cdots,n$$

$$(8.5)$$

$$SW^* = \sum_{i=1}^{n} \left[\frac{a + \gamma_i \alpha_i l_i^0 - \left(b \sum_{j=1,j\neq i}^{n} q_j^* + \gamma_i \alpha_i \right) \left(a - b \sum_{j=1,j\neq i}^{n} q_j^* - c_i - \gamma_i \alpha_i \right)}{2b} - \right.$$

$$\left. \frac{\left(a - b \sum_{j=1,j\neq i}^{n} q_j^* - c_i - \gamma_i \alpha_i \right)^2}{4b} \right] +$$

$$\frac{\left\{ \sum_{i=1}^{n} \left[\alpha_i \left(a - b \sum_{j=1,j\neq i}^{n} q_j^* - c_i - \gamma_i \alpha_i \right) \right] \right\}^2}{8b}$$

$$(8.6)$$

在市场化运作的集中治污定价模式下,专业治污企业的定价过程如下:首先,由专业治污企业以最大化自身利润为目标,确定向中小企业收取的最优单位治污价格 $\widetilde{p}^0$;接着,由中小企业 $i(i=1,2,\cdots,n)$ 根据专业治污企业的单位治污费用,以最大化自身利润为目标,确定其最优产品产量。接下来用逆向归纳法求出专业治污企业的最优单位治污价格,中小企业的最优产品产量及相应的排污量。

求解 $\dfrac{\partial \widetilde{\pi}_i}{\partial q_i} = 0, i = 1,2,\cdots,n$,可得中小企业 i 的最优产品产量为:

$$\widetilde{q}_i^* = \frac{a - b\sum_{j=1,j\neq i}^{n}\widetilde{q}_j^* - c_i - p^0\alpha_i}{2b}, i = 1, 2, \cdots, n \quad (8.7)$$

式(8.7)为中小企业 $i(i = 1, 2, \cdots, n)$ 的反应函数,即给定专业治污企业的单位治污价格 p^0,就有个相对应的中小企业 i 的最优产品产量 $\widetilde{q}_i^*$。由于中小企业 i 的单位生产成本 c_i,产品反需求函数,污染物数量 e_i,排污指标 l_i^0 等均为共同知识。因此,专业治污企业就会知道中小企业 i 的反应函数,并根据该反应函数以最大化自身利润为目标,决定最优的单位治污价格 $\widetilde{p}^0$。

结论 8.1:市场化运作过程中,治污企业的单位治污价格为:

$$\widetilde{p}^0 = \frac{\left(a - b\sum_{j=1,j\neq i}^{n}\widetilde{q}_j^*\right)\sum_{i=1}^{n}\alpha_i + c\sum_{i=1}^{n}\alpha_i^2 - \sum_{i=1}^{n}\alpha_i c_i - 2b\overline{L}}{2\sum_{i=1}^{n}\alpha_i^2} \quad (8.8)$$

证明:将式(8.7)代入式(8.3),可得 $\pi = (p^0 - c)$

$\sum_{i=1}^{n}\left\{\alpha_i\left[\dfrac{a - b\sum_{j=1,j\neq i}^{n}\widetilde{q}_j^* - c_i - p^0\alpha_i}{2b}\right] - l_i^0\right\}$,求解 $\dfrac{\partial\pi}{\partial p^0} = 0$,即可得最优单位

排污费用为:$\widetilde{p}^0 = \dfrac{\left(a - b\sum_{j=1,j\neq i}^{n}\widetilde{q}_j^*\right)\sum_{i=1}^{n}\alpha_i + c\sum_{i=1}^{n}\alpha_i^2 - \sum_{i=1}^{n}\alpha_i c_i - 2b\overline{L}}{2\sum_{i=1}^{n}\alpha_i^2}$。结

论 8.1 证毕。

结论 8.1 表明:在完全市场化定价机制下,治污企业处于集中治污的完全垄断和领导者地位,能根据中小企业的生产和排污情况,以自身利润最大化为目标制订治污收费价格。

将式(8.8)代入式(8.7)可得中小企业 $i(i = 1, 2, \cdots, n)$ 的最优产

品产量为：

$$\widetilde{q}_i^* = \frac{2\sum_{i=1}^{n}\alpha_i^2\left(a - b\sum_{j=1,j\neq i}^{n}\widetilde{q}_j^* - c_i\right)}{4b\sum_{i=1}^{n}\alpha_i^2} -$$

$$\frac{\alpha_i\left[\left(a - b\sum_{j=1,j\neq i}^{n}\widetilde{q}_j^*\right)\sum_{i=1}^{n}\alpha_i + c\sum_{i=1}^{n}\alpha_i^2 - \sum_{i=1}^{n}\alpha_i c_i - 2b\overline{L}\right]}{4b\sum_{i=1}^{n}\alpha_i^2}, i = 1,2,\cdots,n$$

$$(8.9)$$

将式(8.7)和式(8.8)分别代入式(8.2)和式(8.3)，可得中小企业 $i(i=1,2,\cdots,n)$ 和治污企业的最优利润，以及相应的消费者剩余的社会福利分别为：

176

$$\widetilde{\pi}_i^* = \widetilde{p}^0 l_i^0 + \left\{ \frac{\left(a - b\sum_{j=1,j\neq i}^{n}\widetilde{q}_j^* - c_i - \widetilde{p}^0\alpha_i\right)}{2b\sum_{i=1}^{n}\alpha_i^2}\sum_{i=1}^{n}\left[\alpha_i^2\left(a - b\sum_{j=1,j\neq i}^{n}\widetilde{q}_j^* - c_i\right)\right] - \right.$$

$$\left. \alpha_i\left[\left(a - b\sum_{j=1,j\neq i}^{n}\widetilde{q}_j^*\right)\sum_{i=1}^{n}\alpha_i + c\sum_{i=1}^{n}\alpha_i^2 - \sum_{i=1}^{n}\alpha_i c_i - 2b\overline{L}\right]\right\} -$$

$$\frac{\left\{2\sum_{i=1}^{n}\alpha_i^2\left(a - b\sum_{j=1,j\neq i}^{n}\widetilde{q}_j^* - c_i\right) - \alpha_i\left[\begin{array}{c}\left(a - b\sum_{j=1,j\neq i}^{n}\widetilde{q}_j^*\right)\sum_{i=1}^{n}\alpha_i + \\ c\sum_{i=1}^{n}\alpha_i^2 - \sum_{i=1}^{n}\alpha_i c_i - 2b\overline{L}\end{array}\right]\right\}}{16b\left(\sum_{i=1}^{n}\alpha_i^2\right)^2}$$

$$i = 1,2,\cdots,n \qquad (8.10)$$

$$\pi^* = \frac{(\widetilde{p}^0 - c)}{4b\alpha_i^2} \times \sum_{i=1}^{n} \left\{ \alpha_i \left\{ \begin{array}{l} 2\sum\limits_{i=1}^{n} \alpha_i^2 \left(a - b\sum\limits_{j=1,j\neq i}^{n} \widetilde{q}_j^* - c_i\right) - \\ \alpha_i \left[\left(a - b\sum\limits_{j=1,j\neq i}^{n} \widetilde{q}_j^*\right) \sum\limits_{i=1}^{n} \alpha_i + c\sum\limits_{i=1}^{n} \alpha_i^2 - \\ \sum\limits_{i=1}^{n} \alpha_i c_i - 2b\overline{L} \end{array} \right] - l_i^0 \right\} \right\}$$

$$(8.11)$$

$$C\widetilde{S}^* = \frac{\left\{ \sum\limits_{i=1}^{n} \left\{ \begin{array}{l} 2\sum\limits_{i=1}^{n} \alpha_i^2 \left(a - b\sum\limits_{j=1,j\neq i}^{n} \widetilde{q}_j^* - c_i\right) - \\ \alpha_i \left[\left(a - b\sum\limits_{j=1,j\neq i}^{n} \widetilde{q}_j^*\right) \sum\limits_{i=1}^{n} \alpha_i + c\sum\limits_{i=1}^{n} \alpha_i^2 - \sum\limits_{i=1}^{n} \alpha_i c_i - 2b\overline{L} \right] \end{array} \right\} \right\}^2}{8b\sum\limits_{i=1}^{n} \alpha_i^2}$$

$$(8.12)$$

$$S\widetilde{W}^* = \sum_{i=1}^{n} \widetilde{\pi}_i^* + \pi^* + C\widetilde{S}^* \qquad (8.13)$$

结论 8.2：若完全由市场化方式确定治污价格,中小企业将因治污企业收取的单位治污价格过高而拒绝加入集中治污,且社会福利也比中小企业自己治污时低。

证明：将式(8.5)减去式(8.10),可得中小企业在由其自己治污时的利润与集中治污下的利润之差 $\pi_i^* - \widetilde{\pi}_i^* > 0$;式(8.6)减去式(8.13)可得单独治污时的社会福利和集中治污时的社会福利之差为 $SW^* - \widetilde{SW}^* > 0$,即中小企业自己治污时的利润和社会福利分别大于集中治污下的利润和社会福利,因此,中小企业会拒绝加入集中治污而选择单独治污。结论6.2证毕。

结论8.2表明,完全市场化的定价机制下,由于治污企业处于垄断地位而制订过高的治污收费价格,结果不但使得中小企业的利润低于其自己治污时的利润,还降低了社会福利。显然,中小企业会拒绝加入集中治污,政府也不能接受这种定价结果,政府就必然会对治污企业的治污收费定价进行干预。

8.2.2 政府指导定价机制

显然,要激励中小企业加入集中治污,必须要中小企业加入集中治污后的利润不低于其自己治污时的利润。此外,政府也不能接受降低了社会福利的治污企业的定价行为。因此,政府将对治污企业的定价行为进行干预指导。

结论 8.3:政府指导定价机制下,治污企业的排污收费价格为:

$$p^0 = \frac{SW^* - \sum_{i=1}^{n} \pi_i^* - \frac{b}{2}\left(\sum_{i=1}^{n} \tilde{q}_i^*\right)^2 + c\sum_{i=1}^{n}(\alpha_i \tilde{q}_i^* - l_i^0)}{\sum_{i=1}^{n}(\alpha_i \tilde{q}_i^* - l_i^0)} \tag{8.14}$$

证明:由于在政府指导定价下,政府给出了治污企业的定价上限条件,即需同时满足社会福利均不能降低,加上中小企业利润不能降低的参与约束,作为"完全理性人"的治污企业就必然会将价格制订为刚好使中小企业利润和社会福利不发生变化,即:

$$\left(a - b\sum_{i=1}^{n} \tilde{q}_i^*\right)\tilde{q}_i^* - c_i\tilde{q}_i^* - p^0(\alpha_i \tilde{q}_i^* - l_i^0) = \pi_i^*, i = 1,2,\cdots,n \tag{8.15}$$

$$\sum_{i=1}^{n}\pi_i^* + \frac{b}{2}\left(\sum_{i=1}^{n}\tilde{q}_i^*\right)^2 + (p^0 - c)\sum_{i=1}^{n}(\alpha_i q_i - l_i^0) = SW^*, i = 1,2,\cdots,n \tag{8.16}$$

联立求解式（8.15）和式（8.16），可得 $p^0 =$

$$\frac{SW^* - \sum_{i=1}^{n} \pi_i^* - \frac{b}{2} \left(\sum_{i=1}^{n} \tilde{q}_i^* \right)^2 + c \sum_{i=1}^{n} (\alpha_i \tilde{q}_i^* - l_i^0)}{\sum_{i=1}^{n} (\alpha_i \tilde{q}_i^* - l_i^0)}$$

。结论 8.3 证毕。

8.3　政府指导定价效果分析

中小企业集中治污相关如下：2 家生产同一种产品的中小企业，其中，中小企业 $i(i=1,2)$ 的生产水平为 $q_i(q_1=q_2)$，单位生产成本均为 1，总生产成本为 $C_i(q_i) = q_i$，面临的产品反需求函数为 $r = 20 - 0.5(q_1+q_2)$。中小企业 i 的排污系数 $\alpha_1 = \alpha_2 = 0.5$，污染物产生数量 $e_i = 0.5q_i$，政府给予中小企业 i 的排污指标为 $l_1^0 = l_2^0 = 1$，中小企业 i 的超标排污量 $v_i = 0.5q_i - 1$。中小企业自己治污的边际治污成本 $\gamma_1 = \gamma_2 = 0.5$，治污企业的边际治污成本 $c = 0.1$。

求解可得市场化运作下集中治污最优解见表 8.1。

表 8.1　市场化运作下集中治污最优解

	中小企业利润 π_i^*	最优产量 q_i^*	治污价格 p^0	治污企业利润 π^*	消费者剩余 CS^*	最优社会福利 SW^*
自己治污	78.63	12.50	—	—	156.25	313.50
市场化定价 1	47.97	5.74	15.05	55.91	32.95	184.80
市场化定价 2	78.63	9.47	3.11	22.48	89.68	269.42

表 8.1 显示的是市场化运作下中小企业自己治污和集中治污下的最优解，其中，市场化定价 1 是指治污企业不管中小企业的参与约束（即参加集中治污后的利润不低于其自己治污时的利润），以其自

179

身利润最大化为目标制订治污收费价格；市场化定价 2 是指治污企业考虑中小企业参与约束时，以其自身利润最大化为目标制订治污收费价格的定价行为。

由表 8.1 可以看出，治污企业的利润在市场化定价 1 模式下最大，但是，在该模式下中小企业的利润反而低于其自己治污时的利润，因此，在这种情况下，中小企业是不会参与集中治污的。治污企业意识到中小企业的参与约束后，就会按照中小企业利润刚好没有降低为标准制定的治污收费价格，结果，治污价格明显下降，中小企业产量明显上升，其利润刚好不变。在这种情况下，排污中小企业就愿意参与集中治污。但是，这种定价机制下，消费者剩余和社会福利都比中小企业自己治污时低，因此，政府不能接受这种定价结果，就会对治污企业的定价行为进行干预指导。

180　　当治污企业定价降低了社会福利时，政府就会对定价进行干预指导，干预目标是使社会福利不被降低。政府干预指导定价结果见表 8.2。

表 8.2　政府指导定价下的最优解

	中小企业利润 π_i^*	最优产量 q_i^*	排污价格 p^0	治污企业利润 π^*	消费者剩余 CS^*	最优社会福利 SW^*
自己治污	78.63	12.50	—	—	156.25	313.50
不干预 *	78.63	9.47	3.11	22.48	89.68	269.42
指导定价 1	75.66	12.18	1.45	13.78	148.41	313.50
指导定价 2	78.63	12.19	0.87	7.84	148.41	313.50
指导定价 3	78.63	12.50	0.5	4.20	156.26	317.71

注：* 不干预即表 8.1 中的市场化定价 2。

政府干预治污定价的目标是使社会福利不被降低。在指导定价 1 模式下，治污企业满足了政府提出的不得降低社会福利的要求，但是忽略了中小企业的参与约束,因此,在该定价模式下,中小企业利润被降低了,中小企业就不会参与集中治污。指导定价2模式下,治污企业同时满足了中小企业参与约束和政府干预定价的目标,政府和中小企业都能接受该定价结果,因此,治污企业将最终采用该定价结果。

但是指导定价2模式下,中小企业产量低于由其自己治污时的产量,消费者剩余被降低了,而且社会福利并没有得到增加,因此,这并不是个帕累托改进。一个可行的做法是指导定价3模式,即中小企业边际治污成本 $p^0 = \gamma_i = 0.5$ 制订治污价格,结果是中小企业的产量、产品价格和利润,以及消费者剩余都不变,且社会福利比由中小企业自己治污时有所提高,实现了中小企业治污的帕累托改进。

此外,在指导定价3模式下,集中治污在实现排污企业利润水平保持不变的同时,使其能集中精力发展主业,在市场竞争中处于更有利地位,是一种更有效的治污模式。

8.4　松阳工业园区指导集中治污定价

浙江松阳工业园区规划面积约为 $3.2\ km^2$,截至2009年6月底,园内共有园企业79家,投产65家。其中,不锈钢企业40家,初步形成以不锈钢管材为主导的产业格局。为了在实现环境保护的同时,促进不锈钢产业的科学发展,该园区首创不锈钢“委托第三方集中治污模式”,对不锈钢废水进行专业治理。

园区成立之初,松阳县政府就确定了“谁污染,谁治理”的原则,由松阳县的温州不锈钢行业商会来牵头,以入园企业占地每亩(1亩 ≈ 666.67 m^2)10 000元的标准,共筹集资金1 260万元,交由园区管委会筹建不锈钢酸洗废水集中处理中心,并配套建成不锈钢酸洗废水防渗收集系统和在线监控系统。随后引进该系统并成立松阳中奇环境有限公司,与其签订深化技改项目协议,由公司负责运营不锈钢酸洗废水集中处理中心,专业化治理不锈钢废水,并向不锈钢企业收取污水处理费用。当然,园区并非由中奇公司完全自主制订污水处理收费价格,而是由工业园区管委会按市场均价严格核定每吨废水治理成本,在政府指导下制订治污价格。

通过实施集中治污,松阳县不锈钢产业废水污染治理取得巨大成效。

首先,杜绝了偷排行为。集中治污模式下,工业园区不锈钢企业废水排放口由 50 个压缩为 2 个,加上自动在线监控系统的使用,极大地降低了政府的监控成本,提高了监控效率水平,确保了污水达标排放。

其次,实现了治污规模经济。分散治污下,按每家企业投资 80 万元建设废水处理池计算,40 家企业投资总额高达 3 200 万元,而集中治污仅投资 1 260 万元,节约近 2 000 万元。按每家企业废水处理设施占地 300 m^2 计算,40 家企业共占地 12 000 m^2,而集中治污仅 2 200 m^2,节约用地 10 000 m^2。

再次,提高了治污水平。经过 2 年多的运行,中奇公司日处理污水量从 200 t 提升到 1 600 t。处理后的水达到了《污水综合排放标准》(GB 8978)中的一级标准。

最后,政府指导定价促进了循环经济。由于中奇公司是在政府指导下制订治污价格,公司利润不高,因此,公司实施循环工程,对不锈钢生产过程中产生的其他固废物进行回收处理,用于生产镍板,下脚料等则用于制砖,将废水治理成本从 10.5 元/t 下降到 4 元/t,实现了政府、治污企业和中小企业的多赢。

第 *9* 章　中小企业联盟下的集中治污谈判定价机制

　　由于专业治污公司在给中小企业集中治污中处于完全垄断地位,若完全由其通过市场化方式确定治污收费价格将有可能不但降低中小企业利润,还可能降低社会福利。对此的解决方案有两种:第一种解决方案是放弃完全市场化定价方式,由政府对治污企业定价行为进行干预指导,但是政府干预定价的目标只是保证社会福利不被降低,因此干预结果可能是社会福利没有降低,但中小企业的利润被降低了。这时,中小企业必然拒绝参加集中治污,导致集中治污无法实施。第二种解决方案是由中小企业通过结成结盟来增强其与治污企业谈判中的讨价还价能力,从而在治污定价谈判中获得更多的利益。显然,在这种解决方案下,中小企业和治污企业讨价还价能力,中小企业如何结盟以及与谁结盟,治污企业与中小企业(或中小企业联盟)谈判顺序等都会对双方的谈判策略和治污企业最终的定价策略产生重大影响。

　　本章将通过对比中小企业不同结盟方式下(包括不结盟、部分结盟和结成统一联盟),治污企业与中小企业(或中小企业联盟)确定治污收费价格谈判过程及最终谈判结果,分析各方讨价还价能力及中小企业结盟策略对治污收费价格及各方利益分配的影响,并为治污企业设计出最优收费机制,促使中小企业按双方协议进行生产和排污。

9.1 集中治污谈判定价过程

某地区有多家生产同一种产品的中小企业,企业所生产产品的性能及质量等基本无差异,企业所处产品市场属于完全竞争市场,各企业面临相同的产品价格。产品生产过程中会产生一定的污染物,对外部环境带来破坏,降低社会福利,因此需要对污染物进行治理。由于中小企业的规模小、数量大等特点,其通常无法支付进行独立治污所需设备投入,即使其能够独立治污,也难以达到治污标准或难以提高治污水平,同时也达不到规模经济,浪费治污设备和土地等治污资源和社会资源。因此,为了解决以上问题,政府将通过建工业园等方式,将中小企业集中到园区进行生产,并引入专业治污企业对中小企业产生的污染物进行专业集中治理。为了避免政府指定治污企业带来的其滥用自然垄断地位,提高集中治污效率,政府采用中小企业自行选择治污企业,并由中小企业和治污企业以谈判和讨价还价的方式,通过市场行为确定治污收费价格,进行专业集中治污合作。

专业治污企业对中小企业污染物的集中治理,采取完全市场化的运作模式。为了吸引中小企业参与集中治污,治污企业与中小企业首先以总利润最大化为目标确定中小企业的产量和排污量,再以兼顾公平和效率为目标,通过谈判确定治污企业的治污收费。集中治污模式下的合作顺序如下:首先是由中小企业决定是否结成联盟与治污企业进行谈判(既可以结成一个联盟或多个联盟,也可以单独参与谈判);其次,由专业治污企业决定谈判顺序,并按顺序与中小企业或中小企业联盟进行谈判,通过讨价还价确定治污收费价格,并签订合作协议;最后,合作各方执行协议,中小企业开始生产产品,并将污染物排放到治污企业,治污企业对污染物进行专业治理,并按协议规定收取治污费用,中小企业和治污企业获得各自的利润。

考虑到中小企业集中到一起进行生产,而且在线监管等技术被环保部门广泛采用,政府可以比较容易地对中小企业和治污企业进行监管,加上政府对违规排放行为的严厉处罚,本章考虑集中治污模式下中小企业和治污企业不会进行违规排放。

显然,中小企业和治污企业讨价还价能力,中小企业是否结盟,治污企业与中小企业(或中小企业联盟)谈判顺序,以及治污企业的治污成本等都对治污企业定价策略和中小企业谈判及结盟策略产生很大影响,本章将通过构建基于中小企业联盟的集中治污讨价还价合作博弈模型,分析集中治污模式下的治污收费定价策略,探讨各方讨价还价能力、中小企业联盟、谈判顺序以及治污成本等对以上策略的影响。

9.2　集中治污谈判定价模型

某地区有 n 个生产同一种产品的中小企业 $i(i=1,2,\cdots,n)$,企业所生产产品的性能及质量无差别,企业所处产品市场为完全竞争市场,所有企业的产品价格均为 P。中小企业 i 的生产成本为其产品产量 q_i 的函数,即 $C_i = C_i(q_i)$,且满足 $C_i(0) = 0, C_i'(q_i) > 0, C_i''(q_i) > 0$。中小企业 i 在生产过程中会产生一定量的污染物,污染物的数量同样为产品产量的函数,即 $E_i = E_i(q_i)$,且满足 $E_i(0) = 0, E_i'(q_i) > 0$。

为了实现治污的规模经济并提高治污水平,政府将中小企业集中到工业园区进行生产,并由专业治污企业 e 治理中小企业产生的污染物。治污企业以治污成本 $C_e = C_e\left(\sum E_i\right)$ 为中小企业提供专业治污服务,C_e 满足 $C_e(0) = 0, C_e'\left(\sum E_i\right) > 0, C_e''\left(\sum E_i\right) \leqslant 0$,并以单位治污价格 P_i,按中小企业 $i(i = 1, 2, \cdots, n)$ 的排污量 E_i 收取治污费。

单位治污价格 $P_i(i = 1, 2, \cdots, n)$ 是由治污企业和中小企业通过谈判,以讨价还价的方式确定。中小企业为增强与治污企业谈判的讨价还价能力,可选择与其他中小企业结成联盟 s_j,通过中小企业联盟 s_j 与治污企业进行谈判,$s_j \subseteq N$,其中,$N = \{1, 2, \cdots, n\}$ 为所有中小企业所构成的集合。中小企业联盟有两种特殊形式:一是所有中小企业结成 1 个联盟,此时的联盟数量最少,只有 1 个;二是所有中小企业均独立与治污企业谈判(即该联盟的成员只有其自身 1 个,本章以下部分将中小企业 i 视为只有其自身的联盟),此时的联盟数量最多,共有 n 个,则中小企业结成的联盟数 θ 满足 $1 \leqslant \theta \leqslant n$。治污企业拥有谈判顺序的决策权,由其决定与中小企业联盟的谈判顺序。本章以治污企业的谈判顺序对中小企业联盟进行编号,即治污企业第 1 轮谈判对象为中小企业联盟 s_1,第 j 轮谈判对象为中小企业联盟 $s_j(j = 1, 2, \cdots, \theta)$。

由于治污企业是与中小企业或中小企业联盟进行序贯谈判,因此,集中治污模式下的谈判是由多次双人讨价还价博弈构成,每次讨价还价博弈的解均为：

$$\max(\pi_e - d_e)^{\alpha_{e,m}}(\pi_m - d_m)^{\beta_{e,m}}, m = s_j, j = 1,2,\cdots,\theta \qquad (9.1)$$

$$\text{s.t.} \ (\pi_e, \pi_m) \geqslant (d_e, d_m)$$

$$\pi_e + \pi_m \leqslant \pi_j$$

其中，$\pi_j(j=1,2,\cdots,\theta)$ 为第 j 轮谈判时，谈判双方所分配的利润，显然有：

$$\pi_j = p\sum_{i \in s_j} q_i - \left[C_e\left(Q_j + \sum_{i \in s_j} E_i\right) - C_e(Q_j) \right] - \sum_{i \in s_j} C_i(q_i), j = 1,2,\cdots,\theta$$

$$(9.2)$$

其中，Q_j 为联盟 s_1 到 $s_{j-1}(j=1,2,\cdots,\theta)$ 的排污总量，即 $Q_j = \sum_{l=1}^{j-1} \sum_{i \in s_l} E_i$。

d_e 和 d_m 为谈判破裂时，治污企业和中小企业联盟所能获得的利润，即各方参与集中治污的保留收益（参与约束），本章考虑 $d_e = d_m = 0$；$\alpha_{e,m}$ 和 $\beta_{e,m}$ 分别为治污企业与中小企业联盟 $s_j(j=1,2,\cdots,\theta)$ 之间的讨价还价能力，且满足 $\alpha_{e,m} + \beta_{e,m} = 1$，即在第 j 轮谈判中，治污企业与中小企业联盟 s_j 各自分得的利润分别为 $\alpha_{e,m}\pi_j$ 和 $\beta_{e,m}\pi_j$，联盟 s_j 内各中小企业则平分利润 $\beta_{e,m}\pi_j$。

本章考虑治污企业和中小企业联盟 $s_j(j=1,2,\cdots,\theta)$ 期望从集中治污合作获得的收益为 $\overline{\pi}_l(l=e,s_1,\cdots,s_\theta)$，即治污企业和中小企业联盟会在开始谈判前向谈判对手发出一个带威胁性质的承诺，其从谈判中获得利润不得低于最低值 $\overline{\pi}_l$，当然，这种威胁并非完全可置信，治污企业或中小企业联盟有可能会收回威胁，接受低于最低值的分配方案，但是会因此付出声誉损失等方面的代价和成本 c_l（不妨称为"妥协成本"）。显然，治污企业或中小企业联盟从谈判中获得利润不低于其要求的最低值时,无须妥协让步,也就没有妥协成本,即 $\overline{\pi}_l \leq \pi_l$ 时,$c_l = 0$;当治污企业或中小企业联盟从谈判中获得利润低于其要求的最低值时,会付出一定妥协成本,即 $\overline{\pi}_l > \pi_l$ 时,$c_l = k_l(\overline{\pi}_l - \pi_l)$,其中,$k_l > 0$,为妥协成本系数。由妥协成本函数可以看出,治污企业或中小企业联盟的妥协成本随其"妥协程度"(即其要求的最低值与实际利润之间的差距)的增大而变大,即:

$$c_l = \begin{cases} 0 & \overline{\pi}_l \leq \pi_l \\ k_l(\overline{\pi}_l - \pi_l) & \overline{\pi}_l > \pi_l \end{cases}, l = e, s_1, \cdots, s_\theta \qquad (9.3)$$

在中小企业 $i(i = 1, 2, \cdots, n)$ 独立与治污企业谈判,且双方均提出最低期望收益的情况下,第 j 轮谈判($j = 1, 2, \cdots, n$)讨价还价博弈的唯一纳什均衡解为:

$$(\overline{\pi}_e^*, \overline{\pi}_i^*) = (\pi_e^*, \pi_i^*) = \left(\frac{(1 + k_e) \pi_j}{2 + k_e + k_i}, \frac{(1 + k_i) \pi_j}{2 + k_e + k_i} \right), i = 1, 2, \cdots, n$$

$$(9.4)$$

由式(9.3)和式(9.4)可看出,$k_l(l = e, 1, 2, \cdots, n)$ 越大,其妥协成本越高,所做出承诺的可置信度越高,谈判过程中的讨价还价能力越强,提出并得到的最低利润越高,k_l 与 $\alpha_{e,i}$ 和 $\beta_{e,i}(i = 1, 2, \cdots, n)$ 的关系为:

$$\alpha_{e,i} = \frac{1 + k_e}{2 + k_e + k_i}, i = 1, 2, \cdots, n \qquad (9.5)$$

$$\beta_{e,i} = \frac{1 + k_i}{2 + k_e + k_i}, i = 1, 2, \cdots, n \qquad (9.6)$$

9.3　治污企业治污定价及收费机制

9.3.1　中小企业独立参与谈判的定价及收费机制

当中小企业 $i(i=1,2,\cdots,n)$ 独立参与谈判,即中小企业联盟 $s_j(j=1,2,\cdots,n)$ 内只有中小企业 i 自身,集中治污模式下,治污企业和中小企业联盟 s_j 内中小企业 $i(i\in s_j)$ 的利润分别为:

$$\pi_e(P_i,q_i) = P_i E_i - [C_e(Q_j + E_i) - C_e(Q_j)]\,,j=1,2,\cdots,n$$

$$(9.7)$$

$$\pi_i(P_i,q_i) = Pq_i - C_i - P_i E_i, i\in s_j \qquad (9.8)$$

在第 j 轮 $(j=1,2,\cdots,n)$ 集中治污谈判中,双方首先以总利润(即第 j 轮所分配利润) π_j 最大化为目标,确定中小企业 i 产品产量 q_i。求解 $\dfrac{\partial \pi_j}{\partial q_i}=0$ 可得,中小企业最优产品产量 q_i^* 为下式的解。

$$P - C_i'(q_i) - C_e'(Q_j + E_i) E_i'(q_i) = 0 \qquad (9.9)$$

将 $q_i^*(i\in s_j,j=1,2,\cdots,n)$ 代入式(9.2)、式(9.7)和式(9.10),可得第 j 轮谈判的最优总利润 π_j^*,以及治污企业和中小企业 $i(i\in s_j)$ 的利润 $\alpha_{e,m}\pi_j^*$ 和 $\beta_{e,m}\pi_j^*$,其中, $m=s_j$。由此可得结论9.1如下。

结论9.1:治污企业与中小企业 $i(i\in s_j,j=1,2,\cdots,n)$ 在第 j 轮通过谈判各自分得利润 $\alpha_{e,m}\pi_j^*$ 和 $\beta_{e,m}\pi_j^*$,其中, $m=s_j$。

证明:结论9.1证明过程由以上分析可得。结论9.1证毕。

由式(9.2)和治污企业治污成本函数的性质 $C_e'(\sum E_i) > 0$ 及

$C''_e\left(\sum E_i\right) \leqslant 0$ 可以发现,在第 j 轮 $(j=1,2,\cdots,n)$ 的中小企业 i $(i \in s_j)$ 的产品产量 q_i 与第 $j-1$ 轮产品产量相同的情况下,第 j 轮总利润 π_j 与第 $j-1$ 轮总利润 π_{j-1} 之差为 $\pi_j - \pi_{j-1} = [C_e(Q_j) - C_e(Q_j - E_i)] - [C_e(Q_j + E_i) - C_e(Q_j)] \geqslant 0$,即第 j 轮总利润会比第 $j-1$ 轮总利润有一个不低于 0 的增量 $\pi_j^* - \pi_{j-1}^*$。由此可得结论 9.2 如下。

结论 9.2:中小企业 i $(i \in s_j, j=1,2,\cdots,n)$ 将向治污企业转让利润 $\Delta\pi_i^* = \beta_{e,m}(\pi_j^* - \pi_1^*)$,其中,$m = s_j$。

证明:由于第 j 轮 $(j=1,2,\cdots,n)$ 总利润比第 1 轮总利润高 $\pi_j^* - \pi_1^*$,因此,中小企业 i $(i \in s_j)$ 在第 j 轮与治污企业谈判能够比在第 1 轮谈判增加利润 $\beta_{e,m}(\pi_j^* - \pi_1^*)$,其必然更愿意在第 j 轮与治污企业谈判。然而,谈判顺序的决定权掌握在治污企业手中,中小企业 i 只能通过将增加的利润转让一部分给治污企业的方式,来换取在第 j 轮谈判的权利,利润转让的最大值为谈判顺序变动带来的利润增加值 $\beta_{e,m}(\pi_j^* - \pi_1^*)$,治污企业则必然按最大值要求其进行利润转让。最终结果将是中小企业 i 向治污企业转让利润 $\Delta\pi_i^* = \beta_{e,m}(\pi_j^* - \pi_1^*)$。结论 9.2 证毕。

结论 9.2 表明,由于中小企业能从谈判顺序变动中获利,但谈判顺序决定权却掌握在治污企业手中,因此,治污企业可以利用其谈判顺序决定权要求中小企业将获利全部转让给治污企业,最终使得所有中小企业实际只获得在第 1 轮谈判的利润。由此可得结论 9.3 如下。

结论 9.3:集中治污模式下,中小企业 i $(i \in s_j, j=1,2,\cdots,n)$ 独立参与谈判的最终利润均为 $\beta_{e,m}\pi_1^*$,治污企业的利润为 $\sum(\pi_j^* - \beta_{e,m}\pi_1^*)$,其中,$m = s_j$。

证明:由结论 9.1 和结论 9.2 可知,中小企业 i $(i \in s_j, j=1,2,\cdots,$

$n)$独立参与谈判时,因向治污企业进行利润转让而实际获得利润 $\beta_{e,m}\pi_j^* - \Delta\pi_i^* = \beta_{e,m}\pi_1^*$,而治污企业则实际获得利润 $\sum(\alpha_{e,m}\pi_j^* + \Delta\pi_i^*) = \sum(\pi_j^* - \beta_{e,m}\pi_1^*)$。结论 9.3 证毕。

将 $\beta_{e,m}\pi_1^*$ 代入式(9.8)可得治污企业对中小企业 $i(i\in s_j, j=1,$ $2,\cdots,n)$收取的单位治污费用 P_i^* 为:

$$P_i^* = \frac{Pq_i^* - C_i(q_i^*) - \beta_{e,m}\pi_1^*}{E_i(q_i^*)} \tag{9.10}$$

显然,治污企业和中小企业可就单位治污费用签订协议,但是不可能在协议中规定中小企业的产品产量及排污量。因此,中小企业就不会以最大化总利润的产量进行生产,而是以其自身利润最大化为目标制定其产品产量,求解 $\partial\pi_i/\partial q_i = 0$ 可得中小企业 $i(i\in s_j, j=1,$ $2,\cdots,n)$最优产量 $\bar{q}_i$ 为下式的解。

$$P - C_i'(q_i) - P_i^* E_i'(q_i) = 0 \tag{9.11}$$

对比式(9.9)和式(9.11)可以发现,仅当 $P_i^* = C_e'(Q_j+E_i)$时,$\bar{q}_i = q_i^*$。但显然这只是一种特殊情况,大多数情况下 $P_i^* \neq C_e'(Q_j+E_i)$,因此,其实际产量 $\bar{q}_i$ 不等于最优产量 q_i^*,实际排污量 $E_i(\bar{q}_i)$ 不等于最优排污量 $E_i(q_i^*)$,这就必然给治污企业带来利润损失。为此,治污企业需要设计相应的机制,激励中小企业按照最大化总利润的产量进行产品生产,从而最大化其自身利润。本章认为,治污企业可以采取的方法为,通过对中小企业实施阶梯定价,使得中小企业按照最大化总利润的产量进行生产时所获利润最大,从而实现对其进行有效激励。由此可得结论 9.4 如下。

结论 9.4:集中治污模式下,中小企业 $i(i\in s_j, j=1,2,\cdots,n)$独立参与谈判时,治污企业将制订如下治污收费政策来激励中小企业按约定生产和排污:①当中小企业 i 实际排污量 $E_i(\bar{q}_i)$ 小于 $E_i(q_i^*)$ 时,采用固定费用加计量收费制,其中,单位治污费 P_i^*,固定费用 $F_i^* = P_i^* E_i(q_i^*) - C_e[Q_j + E_i(q_i^*)] - [P_i^* E_i(\bar{q}_i) - C_e(Q_j + E_i(\bar{q}_i))]$;②当中小企业 i 实际排污量 $E_i(\bar{q}_i)$ 等于 $E_i(q_i^*)$ 时,按单位治污费 P_i^* 收取;③对中小企业 i 超过 $E_i(q_i^*)$ 的排污量 $E_i(\bar{q}_i) - E_i(q_i^*)$,按单位治污费

$$\bar{P}_i > \frac{P(\bar{q}_i - q_i^*) - [C_i(\bar{q}_i) - C_i(q_i^*)]}{E_i(\bar{q}_i) - E_i(q_i^*)}$$ 收取,即治污企业的治污收费政策为:

$$P_i = \begin{cases} P_i^* E_i(q_i) + F_i^* & E_i(q_i) < E_i(q_i^*) \\ P_i^* E_i(\bar{q}_i) & E_i(q_i) = E_i(q_i^*) \\ P_i^* E_i(q_i^*) + \bar{P} E_i(q_i - q_i^*) & E_i(q_i) > E_i(q_i^*) \end{cases}, i \in s_j, j = 1, 2, \cdots, n$$

$$(9.12)$$

证明:当中小企业 $i(i \in s_j, j = 1, 2, \cdots, n)$ 实际排污量小于 $E_i(q_i^*)$ 时,若治污企业仍仅按单位治污费 P_i^* 计量收费,治污企业将获得利润 $P_i^* E_i(\bar{q}_i) - \{C_e[Q_j + E_i(\bar{q}_i)] - C_e(Q_j)\}$,相比其应得利润 $P_i^* E_i(q_i^*) - \{C_e[Q_j + E_i(q_i^*)] - C_e(Q_j)\}$ 降低了 F_i^*,因此,可以通过向中小企业 i 加收一笔固定费用 F_i^* 的方式,使其仍能得到应得利润。另一方面,由于 $\bar{q}_i \neq q_i^*$,双方实际总利润必然小于最优总利润,而治污企业的利润未变,则中小企业 i 的利润就低于按最优产量 q_i^* 生产时的利润,因此,中小企业 i 将按最优产量 q_i^* 进行生产和排污,双方各自获得应得利润。

当中小企业 $i(i \in s_j, j = 1, 2, \cdots, n)$ 实际排污量等于 $E_i(q_i^*)$ 时,治污企业按单位治污费 P_i^* 计量收费,中小企业 i 将最优产量 q_i^* 进行生产和排污,双方各自获得应得利润。

当中小企业 $i(i \in s_j, j = 1, 2, \cdots, n)$ 实际排污量大于 $E_i(q_i^*)$ 时,中

小企业 i 产量超出 q_i^* 部分 $\bar{q}_i - q_i^*$ 所获利润为 $\Delta\pi_i = P(\bar{q}_i - q_i^*) - [C_i(\bar{q}_i) - C_i(q_i^*)] - \bar{P}_i[E_i(\bar{q}_i) - E_i(q_i^*)]$，当治污企业对中小企业 i 超量排放部分 $E_i(\bar{q}_i) - E_i(q_i^*)$ 收取的单位治污费用 $\bar{P}_i > \dfrac{P(\bar{q}_i - q_i^*) - [C_i(\bar{q}_i) - C_i(q_i^*)]}{E_i(\bar{q}_i) - E_i(q_i^*)}$ 时，$\Delta\pi_i < 0$，因此，中小企业 i 将按最优产量 q_i^* 进行生产和排污，双方各自获得应得利润。

由以上分析可知，在治污企业的该阶梯收费政策下，中小企业将按最优产量进行生产和排污，双方各自获得应得利润。结论 9.4 证毕。

结论 9.4 表明，虽然中小企业和治污企业可以通过谈判，以讨价还价的形式确定最大化总利润的产品产量和治污企业的单位治污收费，但是，由于双方不可能在谈判和协议中对中小企业的产品产量进行强制规定，因此，作为"完全理性人"的中小企业必然会违背协议，以自身利润最大化为目标制订其实际生产和排污量。为此，治污企业需要设计出合理的机制，可以通过制定阶梯收费政策，使得中小企业按协议生产和排放时的利润最大，从而激励其按事前协议生产和排放。

9.3.2　中小企业结盟参与谈判的定价及收费机制

通过以上分析可以发现，中小企业独立参与谈判时，由于中小企业参与谈判顺序向后移可以为其增加利润，而谈判顺序的决定权却掌握在治污企业，因此，中小企业将被迫向治污企业转让利润，最终只获得在第 1 轮进行谈判时所获利润。为了改变这种状况，中小企业可以结成联盟与治污企业进行谈判。

　　由于各中小企业在规模、生产技术及能力等方面差别很小,因此,在妥协成本及讨价还价能力方面的差别也很小,本章进一步考虑中小企业 $i(i=1,2,\cdots,n)$ 的讨价还价能力 $\beta_{e,i}$ 相等,取联盟 $s_j(j=1,2,\cdots,\theta)$ 中所有中小企业讨价还价能力的均值为联盟的讨价还价能力,则有 $\beta_{e,m}=\beta_{e,i}=\beta$, $\alpha_{e,m}=\alpha_{e,i}=\alpha$,其中, $m=s_j$。

　　不失一般性,命联盟 $s_j(j=1,2,\cdots,\theta)$ 中的中小企业数量为 η_j。集中治污模式下,治污企业和中小企业联盟 s_j 内中小企业 $i(i\in s_j)$ 的利润分别为:

$$\pi_e(P_i,q_i) = P_i\eta_j E_i - [C_e(Q_j + \eta_j E_i) - C_e(Q_j)] , j=1,2,\cdots,\theta \tag{9.13}$$

$$\pi_i(P_i,q_i) = Pq_i - C_i - P_i E_i, i \in s_j, j=1,2,\cdots,\theta \tag{9.14}$$

　　在第 j 轮 $(j=1,2,\cdots,n)$ 集中治污谈判中,双方首先以总利润 $\pi_j = \pi_e + \eta_j\pi_i$ 最大化为目标,确定中小企业 i 产品产量 q_i。求解 $\dfrac{\partial \pi_j}{\partial q_i}=0$ 可得,中小企业最优产品产量 q_i^{**} 为下式的解。

$$P - C_i'(q_i) - C_e'(Q_j + \eta_j E_i)E_i'(q_i) = 0 \tag{9.15}$$

　　由于联盟内所有中小企业同质,因此,所有中小企业的最优产量 $q_i^{**}(i\in s_j, j=1,2,\cdots,\theta)$ 相等。将 q_i^{**} 代入式(9.2)、式(9.13)和式(9.14),可得第 j 轮谈判的最优总利润 π_j^{**},以及治污企业和中小企业 $i(i\in s_j)$ 的利润 $\alpha\pi_j^{**}$ 和 $\dfrac{\beta\pi_j^{**}}{\eta_j}$。由此可得结论9.5如下。

　　结论9.5: 中小企业组成多个联盟参与谈判时,治污企业与联盟 s_j 内中小企业 $i(i\in s_j, j=1,2,\cdots,\theta)$ 在第 j 轮通过谈判各自分得利润 $\alpha\pi_j^{**}$ 和 $\dfrac{\beta\pi_j^{**}}{\eta_j}$。但是,中小企业将向治污企业转让利润 $\dfrac{\beta(\pi_j^{**}-\pi_1^{**})}{\eta_j}$,

最终双方各得利润 $\pi_j^{**} - \beta\pi_1^{**}$ 和 $\dfrac{\beta\pi_1^{**}}{\eta_j}$。

证明：由以上分析以及结论9.1和结论9.2的分析可知，治污企业与联盟 $s_j(j=1,2,\cdots,\theta)$ 在第 j 轮通过谈判各自分得利润 $\alpha\pi_j^{**}$ 和 $\beta\pi_j^{**}$，联盟内中小企业 $i(i \in s_j)$ 平分联盟利润可得 $\dfrac{\beta\pi_j^{**}}{\eta_j}$。联盟内所有中小企业会因联盟谈判顺序向后移而增加利润 $\dfrac{\beta(\pi_j^{**} - \pi_1^{**})}{\eta_j}$，但由于谈判顺序决定权掌握在治污企业，因此，中小企业将向治污企业转让利润 $\dfrac{\beta(\pi_j^{**} - \pi_1^{**})}{\eta_j}$，最终双方各得利润 $\pi_j^{**} - \beta\pi_1^{**}$ 和 $\dfrac{\beta\pi_1^{**}}{\eta_j}$。结论9.5证毕。

结论9.5表明，虽然中小企业可以结盟与治污企业进行谈判，但是，只要中小企业联盟的数量大于1，中小企业仍需因治污企业拥有谈判顺序决定权而向其转让利润，从而只获得在第1轮进行谈判的利润。由此可得结论9.6如下。

结论9.6：集中治污模式下，所有中小企业应结成1个联盟参与谈判，治污企业和中小企业 $i(i=1,2,\cdots,n)$ 最终分别获得利润 $\alpha\pi^{**}$ 和 $\dfrac{\beta\pi^{**}}{n}$，其中，$\pi^{**} = pnq^{**} - C_e(nE^{**}) - nC_i(q^{**})$。

证明：当所有中小企业结成1个联盟参与谈判，双方首先以总利润最大化为目标确定所有中小企业 $i(i=1,2,\cdots,n)$ 产量，命 $\pi = \pi_e + n\pi_i$，由于所有中小企业产量相同，命 $q_i = q$，求解 $\dfrac{\partial\pi}{\partial q} = 0$，可得中小企业最优产品产量 q^{**}，以及最大总利润 $\pi^{**} = pnq^{**} - C_e(nE^{**}) - nC_i(q^{**})$。接着，双方通过谈判，以讨价还价的方式各自分得利润

$\alpha\pi^{**}$ 和 $\beta\pi^{**}$，中小企业 i 平方联盟利润，最终得到 $\dfrac{\beta\pi^{**}}{n}$。

由于 π^{**} 是中小企业所有谈判形式中能获得的最大总利润，加之治污企业边际治污成本递减，随着谈判轮次的增加，中小企业从讨价还价中分得的利润越大，但由结论 9.2 和结论 9.5 可以发现，中小企业无论采用哪种方式参与谈判，由于要向治污企业进行利润转让，其得到的利润均为在第 1 轮与治污企业进行谈判的利润，因此，$\dfrac{\beta\pi^{**}}{n}$ 就是中小企业在第 1 轮（也是唯一一轮）能获得的最大利润。由此可知，集中治污模式下，所有中小企业应结成 1 个联盟与治污企业谈判，并最终分得利润 $\dfrac{\beta\pi^{**}}{n}$，治污企业则分得利润 $\alpha\pi^{**}$。结论 9.6 证毕。

将 $\dfrac{\beta\pi^{**}}{n}$ 代入式（9.8）可得治污企业对所有中小企业 $i(i=1,2,\cdots,n)$ 收取的单位治污费用 $P_i^{**}=P^{**}$ 为：

$$P^{**}=\frac{nPq^{**}-nC_i(q^{**})-\beta\pi^{**}}{nE_i(q^{**})} \tag{9.16}$$

显然，所有中小企业结盟与治污企业谈判，就其产量和单位治污费用达成协议，但治污企业仍不可能在协议中规定中小企业的产品产量及排污量，中小企业仍然会以其自身利润最大化为目标制订其产品产量 $\tilde{q}$，即中小企业 $i(i=1,2,\cdots,n)$ 的最优产量 $\tilde{q}$ 仍为式（9.11）的解。即，仅当 $P^{**}=C_e'(nE^{**})$ 时，中小企业才会按协议生产和排污。为此，治污企业可以通过对中小企业实施阶梯定价，使得中小企业按照 q^{**} 进行生产时所获利润最大，从而激励其按协议进行生产和排污。由此可得结论 9.7 如下。

结论 9.7：集中治污模式下，所有中小企业 $i(i=1,2,\cdots,n)$ 结成 1

个联盟参与谈判时,治污企业将制定如下治污收费政策来激励中小企业按协议生产和排污:①当中小企业 i 实际排污量 $E_i(\tilde{q})$ 小于 $E_i(q^{**})$ 时,采用固定费用加计量收费制,其中,单位治污费 P^{**},固定费用 $F^{**}=P^{**}E_i(q^{**})-P^{**}E_i(\tilde{q})-\dfrac{1}{n}\{C_e[nE_i(q^{**})]-C_e[nE_i(\tilde{q})]\}$;②当中小企业 i 实际排污量 $E_i(\tilde{q})$ 等于 $E_i(q^{**})$ 时,按单位治污费 P^{**} 收取;③对中小企业 i 超过 $E_i(q^{**})$ 的排污量 $E_i(\tilde{q})-E_i(q^{**})$,按单位治污费 $\tilde{p}>\dfrac{P(\tilde{q}-q^{**})-[C_i(\tilde{q})-C_i(q^{**})]}{E_i(\tilde{q})-E_i(q^{**})}$ 收取,即治污企业对所有中小企业的治污收费政策为:

$$P_i=\begin{cases}P^{**}E_i(q_i)+F^{**} & E_i(q_i)<E_i(q^{**})\\ P^{**}E_i(q_i) & E_i(q_i)=E_i(q^{**})\\ P^{**}E_i(q^{**})+\tilde{p}E_i(q_i-q^{**}) & E_i(q_i)>E_i(q^{**})\end{cases},i=1,2,\cdots,n$$

$$(9.17)$$

证明:当中小企业 $i(i=1,2,\cdots,n)$ 实际排污量小于 $E_i(q_i^*)$ 时,若治污企业仍仅按单位治污费 P_i^* 计量收费,治污企业将获得利润 $\dfrac{P^{**}E_i(\tilde{q})-C_e[nE_i(\tilde{q})]}{n}$,相比其应得利润 $P^{**}E_i(q^{**})-\dfrac{C_e[nE_i(q^{**})]}{n}$ 降低了 F^{**},因此,可以通过向中小企业 i 加收一笔固定费用 F^{**} 的方式,使其仍能得到应得利润。另外,由于 $\tilde{q}<q^{**}$,双方实际总利润必然小于最优总利润,而治污企业的利润未变,则中小企业 i 的利润就低于按最优产量 q^{**} 生产时的利润,因此,中小企业 i 将按最优产量 q^{**}

进行生产和排污,双方各自获得应得利润。

当中小企业 $i(i=1,2,\cdots,n)$ 实际排污量等于 $E_i(q^{**})$ 时,治污企业按单位治污费 P^{**} 计量收费,中小企业 i 将最优产量 q^{**} 进行生产和排污,双方各自获得应得利润。

当中小企业 $i(i=1,2,\cdots,n)$ 实际排污量大于 $E_i(q_i^*)$ 时,中小企业 i 产量超出 q^{**} 部分 $\tilde{q}-q^{**}$ 所获利润为 $\Delta\pi_i=P(\tilde{q}-q^{**})-[C_i(\tilde{q})-C_i(q^{**})]-\widetilde{P}[E_i(\tilde{q})-E_i(q^{**})]$,当治污企业对中小企业 i 超量排放部分 $E_i(\tilde{q})-E_i(q^{**})$ 收取的单位治污费用 $\widetilde{P}>\dfrac{P(\tilde{q}-q^{**})-[C_i(\tilde{q})-C_i(q^{**})]}{E_i(\tilde{q})-E_i(q^{**})}$ 时,$\Delta\pi_i<0$,因此,中小企业 i 将按最优产量 q^{**} 进行生产和排污,双方各自获得应得利润。

由以上分析可知,在治污企业的该阶梯收费政策下,中小企业将按最优产量进行生产和排污,双方各自获得应得利润。结论 9.7 证毕。

结论 9.7 表明,虽然治污企业无法在谈判和协议中对中小企业的产品产量做出强制规定,导致"完全理性人"的中小企业会违背协议,按其自身利润最大化的产量进行生产和排污。但是,治污企业还是可以设计出合理的机制,通过制定阶梯收费政策,使得中小企业按协议进行生产和排放时的利润最大,从而促使其按事前协议进行生产和排放,最终实现治污企业的利润最大化。

9.4 中小企业结盟谈判效果分析

通过以上分析可以发现,当 $C''_e(\sum E_i)<0$ 时,随着谈判轮次的

增加,治污企业的边际治污成本降低,治污企业与中小企业(或中小企业联盟)的总利润增加,中小企业就更愿意尽可能在后面的轮次与治污企业谈判。但是,谈判顺序决定权掌握在治污企业,其必然利用该权力迫使中小企业(或中小企业联盟)向其转让利润(否则就与之在第 1 轮进行谈判),其结果是中小企业(或中小企业联盟)只能获得在第 1 轮谈判的利润。因此,所有中小企业就会结成一个统一联盟与治污企业谈判,以参与分配并获得更多的利润。

而当 $C_e''(\sum E_i) = 0$ 时,治污企业的边际治污成本和单位治污成本不变,治污企业和中小企业(或中小企业联盟)的总利润与谈判轮次无关,中小企业(或中小企业联盟)就不必为了获得更好的谈判顺序而向治污企业让利,中小企业与治污企业之间的利润分配取决于双方的讨价还价能力,因此,中小企业就没有必要进行结盟。

由此可得结论 9.8 如下。

结论9.8:当治污企业边际治污成本及单位治污成本固定不变时,中小企业 $i(i = 1, 2, \cdots, n)$ 会单独与治污企业进行谈判,中小企业 i 与治污企业按结论 9.3 的分配方案进行利润分配,治污企业则按结论 9.4 的阶梯收费政策向中小企业 i 收费;当治污企业的边际治污成本随治污量增加而递减,所有中小企业将结成 1 个联盟与治污企业进行谈判,所有中小企业与治污企业按结论 9.6 的分配方案进行利润分配,治污企业则按结论 9.7 的阶梯收费政策向所有中小企业收费。

证明:结论 9.8 的证明过程由结论 9.3、结论 9.4、结论 9.6、结论9.7及以上分析可得。结论 9.8 证毕。

结论 9.8 表明,中小企业结成 1 个统一联盟的主要优势在于,通过统一的联盟与治污企业谈判,有效抵消了治污企业拥有谈判顺序决定权为自身创造的优势,使其无须向治污企业转让利润,从而参与更大利润的分配,最终提高其所分得利润。而当治污企业拥有的谈判顺序决定权不能为其创造优势时,中小企业也就没有必要进行结盟。

9.5   治污企业定价及收费机制效果分析

某地区有 100 家中小企业生产同一种产品,单位产品价格为 50,所有中小企业 $i(i=1,2,\cdots,100)$ 的生产成本函数为 $C_i=0.05q_i^2$,污染物生成及排放量函数为 $E_i=0.1q_i$。中小企业生成的污染物均排放到同一个专业治污企业 e,由其进行治理。本部分将分析治污企业两种治污成本函数下的中小企业结盟策略及治污企业的定价策略,即 $C_e=10\sum E_i$ 和 $C_e=80\sqrt{\sum E_i}$。治污企业和中小企业 i 的妥协成本系数分别为 $k_e=11$ 和 $k_i=3$,则治污企业讨价还价能力 $\alpha_{e,m}=0.75$,$\beta_{e,m}=0.25$,其中,$m=s_1,i$。

当 $C_e=10\sum E_i$ 时,$C'_e=10$ 为固定常数,治污企业边际治污成本及单位治污成本固定不变。由结论 9.3 和结论 9.4,以及结论 9.6 和结论 9.7 均可得中小企业独立参与谈判时的产量和双方利润分别为:$q_i^*=490,\pi_i^*=3\ 001.25$ 和 $\pi_e^*=9\ 003.75$(其中,治污企业的利润为其从单个中小企业处获利,下同),治污企业收取的单位治污收费为 $P_i^*=193.75$。

若治污企业仅按 $P_i^*=193.75$ 收费,则中小企业将按自身利润最大化确定其产品产量为 $\overline{q}_i=306.25$,在此产量下的双方利润分别为 $\overline{\pi}_i=4\ 689.45$ 和 $\overline{\pi}_e=5\ 627.35$。可以看到,中小企业以治污企业和总利润的损失为代价(总利润由 12\ 005 降到 10\ 316.8),换取了自身利润的增加。为此,治污企业可以采用阶梯定价方式,激励中小企业按

$q_i^* = 490$ 进行生产。由于 $\bar{q}_i < q_i^*$，因此，治污企业可制定阶梯收费政策

$$P_i = \begin{cases} 193.75E_i(q_i) + 3\,376.41 & E_i(q_i) < E_i(q_i^*) \\ 193.75E_i(q_i) & E_i(q_i) = E_i(q_i^*) \end{cases},$$

在该收费政策下，若中小企业仍按 $\bar{q}_i = 306.25$ 生产，双方各得利润 $\bar{\pi}_i = 1\,313.05$ 和 $\bar{\pi}_e = 9\,003.75$，而按 $q_i^* = 490$ 生产，则双方各得利润 $\pi_i^* = 3\,001.25$ 和 $\pi_e^* = 9\,003.75$，显然，中小企业将按双方约定的 $q_i^* = 490$ 进行生产和排污，治污企业实现了对中小企业的有效激励。

当 $C_e = 30\sqrt{\sum E_i}$ 时，由结论9.3和结论9.4可得中小企业独立参与谈判时的产量和利润分别为（本部分以第1轮谈判结果为例）：$q_i^* = 494.31$，$\pi_i^* = 2\,983.98$，治污企业的利润和收费政策分别为：$\pi_e^* = 8\,951.94$ 和

$$P_i = \begin{cases} 192.48E_i(q_i) + 3\,476.46 & E_i(q_i) < E_i(q_i^*) \\ 192.48E_i(q_i) & E_i(q_i) = E_i(q_i^*) \end{cases}。$$

由结论9.6和结论9.7可得中小企业结成1个联盟参与谈判时所有中小企业的产量和利润分别为 $q^{**} = 499.43$，$\pi_i^{**} = 3\,110.86$，治污企业的利润和对所有中小企业的单位治污收费分别为：$\pi_e^{**} = 9\,332.59$ 和 $P^{**} = 188$。

同样，若治污企业仅按 $P^{**} = 188$ 收费，所有中小企业将按 $\tilde{q} = 312$ 进行生产，双方各得利润 $\tilde{\pi}_i = 4\,867.35$ 和 $\tilde{\pi}_e = 1\,396.95$，治污企业利润受到巨大损失，为此，治污企业可制定阶梯收费政策

$$P_i = \begin{cases} 188E_i(q_i) + 7\,935.64 & E_i(q_i) < E_i(q^{**}) \\ 188E_i(q_i) & E_i(q_i) = E_i(q^{**}) \end{cases},$$

在此政策下，若中小企业仍按 $\tilde{q} = 312$ 生产，双方各得利润 $\tilde{\pi}_i =$

$-3\ 068.29$ 和 $\widetilde{\pi}_e = 9\ 332.59$，因此，中小企业将按 $q^{**} = 499.43$ 生产，双方各自获得应得利润 $\pi_i^{**} = 3\ 110.86$ 和 $\pi_e^{**} = 9\ 332.59$。

由以上分析可以看出，正如结论 9.8 指出，当 $C''_e\left(\sum E_i\right) = 0$，中小企业没有必要结盟，可独立与治污企业谈判；如结论 9.4 和结论 9.8 指出，治污企业需要制订一定机制，如为采用阶梯定价法来激励中小企业按双方约定进行生产和排放。

第5篇

中小企业减排技术
创新补贴机制

第 *10* 章 中小企业清洁生产补贴机制

正如前几章研究表明,环保规制与经济发展存在固有矛盾,仅靠优化环保规制措施的优化设计,只能是以产品市场产量和供给、企业利润和消费者剩余的减少为代价,换来污染物的减少和环境的改善。因此,政府在实施环保规制的同时,如何激励中小企业尽可能采用加大减排技术创新也是政府环保工作中的核心任务之一。

然而进行减排技术创新,采用清洁生产技术需要大量的资金投入,对于规模小、融资难的中小企业而言,大多难以承担这笔技术创新投入费用,或者即使能够承担,其产品总成本也会因此大幅提高,导致其产品竞争力的下降。现实中,政府一般是采取创新投入补贴或产品产量补贴的方式,弥补其成本的增加,激励中小企业进行减排技术创新。

中小企业减排技术创新的方式主要有两种,一种是独立创新,一种是协同创新。本篇力图解答在这两种创新方式下,政府应否对中小企业进行补贴,以及补贴的条件、比例及规模等问题,实现对中小企业采用清洁生产技术的有效激励。

本章主要分析在中小企业不进行减排技术创新以及独立进行减

排技术创新,引进清洁生产方式的情况下,政府补贴政策对单个中小企业产量、行业总产量、行业企业数量、行业排污量及社会福利产生的影响,为政府补贴政策的制定提供依据。

10.1　不采用清洁生产方式下的治污补贴机制

某完全竞争行业有 n 家同质企业生产同一种产品,每家企业产量为 q,生产成本为 $c(q)$,且满足 $c'(q)>0,c''(q)>0$。行业总产量为 $Q=nq$,行业面临的市场反需求函数为 $p(Q)$,且满足 $p'(Q)<0$。产品生产过程会产生污染物,且企业排污系数为 e,则每个企业的污染物排放量为 eq,行业污染物总排放量为 $E=neq$。

污染物排放所造成的社会福利损失为 $D(\cdot)$,且满足 $D'(\cdot)>0$。政府对企业的污染排放按税率 $t\in(0,1)$ 征收排污税。企业将根据排污税确定污染的最优治理比例 $\alpha\in(0,1)$,企业治污成本为 $g(\cdot)$,且满足 $g'(\cdot)>0,g''(\cdot)>0$。政府对企业的治污成本给予补贴,补贴比例为 $\tau\in(0,1)$。$g''(\cdot)>0$ 意味着因资本和成本约束,中小企业不可能建设处理能力有富余的治污设施,污染物的治理也是处于边际治污成本的上升阶段。

10.1.1　短期补贴机制

短期内行业企业数量 n 固定不变。市场供求平衡所形成的均衡价格为 $p(Q)$,则对每个企业来说,$p(Q)$ 为外生给定常数变量,则企业的决策问题为 $\underset{q,\alpha}{\text{Max}}\,p=p(Q)q-c(q)-(1-\tau)g(\alpha eq)-t(1-\alpha)eq$。

由最优化的一阶条件可得企业和行业的短期竞争均衡条件为：

$$\begin{cases} p(Q) = p(nq) = c'(q) + \alpha e(1-\tau)g'(\alpha eq) + (1-\alpha)te \\ (1-\tau)g'(\alpha eq) = t \end{cases} \tag{10.1}$$

将方程组（10.1）改写为 $\begin{cases} F_1 = p(nq) - c'(q) - \alpha e(1-\tau)g'(\alpha eq) - (1-\alpha)te = 0 \\ F_2 = (1-\tau)g'(\alpha eq) - t = 0 \end{cases}$，

并命：

$$\Delta_1 = \begin{vmatrix} \partial F_1/\partial q & \partial F_1/\partial \alpha \\ \partial F_2/\partial q & \partial F_2/\partial \alpha \end{vmatrix}$$

$$= \begin{vmatrix} np'(np) - c''(q) - \alpha^2 e^2(1-\tau)g''(\alpha eq) & -\alpha e^2 q(1-\tau)g''(\alpha eq) \\ \alpha e(1-\tau)g''(\alpha eq) & eq(1-\tau)g''(\alpha eq) \end{vmatrix}$$

$$= eq(1-\tau)g''(\alpha eq)[np'(nq) - c''(Q)] < 0_{\circ}$$

由隐函数定理可知方程组存在唯一连续解 $q^*(t,\tau)$, $\alpha(t,\tau)$。将其代入式（10.1）并求关于 t 的一阶偏导可得：

$$\begin{cases} \left[np'(nq^*) - c''(q^*) - \alpha^* e\alpha^2(1-\tau)g''(\alpha^* eq^*)\right]\dfrac{\partial q^*}{\partial t} - \\[2mm] \alpha^* e^2 q^*(1-\tau)g''(\alpha^* eq^*)\dfrac{\partial \alpha^*}{\partial t} = (1-\alpha^*)e \\[2mm] \alpha^* e(1-\tau)g''(\alpha^* eq^*)\dfrac{\partial q^*}{\partial t} + eq^*(1-\tau)g''(\alpha^* eq^*)\dfrac{\partial \alpha^*}{\partial t} = 1 \end{cases}$$

由 Cramer 法求解可得：

$$\begin{cases} \dfrac{\partial q^*}{\partial t} = \dfrac{e^2 q^*(1-\tau)g''(\alpha^* eq^*)}{\Delta_1} < 0 \\[4mm] \dfrac{\partial \alpha^*}{\partial t} = \dfrac{np'(nq^*) - c''(q^*) - \alpha^* e^2(1-\tau)g''(\alpha^* eq^*)}{\Delta_1} > 0 \end{cases}$$

$$\tag{10.2}$$

同理求 τ 的一阶偏导可得:

$$\begin{cases} \dfrac{\partial q^*}{\partial \tau} = 0 \\[2mm] \dfrac{\partial \alpha^*}{\partial \tau} = \dfrac{g'(\alpha^* eq^*)[np'(nq^*) - c''(q^*)]}{\Delta_1} > 0 \end{cases} \tag{10.3}$$

由式(10.2)和式(10.3)可得结论 10.1 如下。

结论 10.1:提高排污税率会降低企业在短期竞争均衡时的产量, 并激励企业提高污染物治理比例,从而降低中小企业和行业的排污量;提高治污补贴比例对企业短期竞争均衡时的产量没有影响,但可激励企业提高治污比例,降低中小企业和行业的污染排放量。

提高治污补贴比例不能影响企业短期均衡产量的原因在于:一方面,企业提高单位治污比例的边际成本为 $\alpha eq(1-\tau)g'(\alpha eq)$,边际收益则为排污税的节约 $t\alpha eq$。最优治污比例由边际收益等于边际成本[即 $(1-\tau)g'(\alpha eq) = t$]确定;另一方面,企业提高单位产量的边际成本为 $MC = c'(q) + \alpha e(1-\tau)g'(\alpha eq) + (1-\alpha)te$,代入上述关系可得 $MC = c'(q) + te$。换言之,产品生产的边际成本与治污补贴 t 无关。

此外,结论 10.1 表明,就短期而言,政府应该对中小企业的污染治理提供补贴,以有效减少行业排污总量。

政府环保规制的目标是全社会福利最大化(即消费者剩余+生产者剩余-污染造成的社会损失),即 $\underset{q,\alpha}{\mathrm{Max}} \int_0^{nq} p(y)\mathrm{d}y - nc(q) - ng(\alpha eq) - D[n(1-\alpha)eq]$,由最优化的一阶条件可得:

$$\begin{cases} p(nq) = c'(q) + \alpha eg'(\alpha eq) + (1-\alpha)e\dfrac{\mathrm{d}D}{\mathrm{d}E} \\[2mm] g'(\alpha eq) = \dfrac{\mathrm{d}D}{\mathrm{d}E} \end{cases} \tag{10.4}$$

政府规制的目的是要激励企业在追求自身利润最大化的同时，实现全社会福利的最大化。因此，政府希望方程组（10.4）与方程组（10.1）的最优解相同。由此可得结论 10.2 如下。

结论 10.2：当且仅当 $t = \dfrac{\mathrm{d}D}{\mathrm{d}E}\Big|_{q=q^*}$ $(q^* = q_1^* = q_2^*)$（下文将简化表达

为 $t = \dfrac{\mathrm{d}D^*}{\mathrm{d}E}$）且 $\tau = 0$ 时，式（10.1）与式（10.4）最优解相同，即短期竞争均衡与实现了社会最优均衡。

结论 10.2 的含义是，政府将排污税率设定为污染所造成的边际社会福利损失，即可实现社会福利最大化，此时就没有必要进行治污补贴。若继续实施补贴政策，消费者剩余没有变化，但企业成本的增加（意味着生产者剩余减少）超过治污带来的社会福利增加。换言之，此时再进行补贴将以企业利润的减少换取环境质量的过度提高。

208

10.1.2　长期补贴机制

在长期竞争中，企业可以进入或推出该行业，因此企业数目 n 可变。长期均衡时，单个企业实现 $MR = MC$ 且均衡利润为零，即长期均衡条件为：

$$\begin{cases} p(nq) = c'(q) + \alpha e(1-\tau)g'(\alpha eq) + (1-\alpha)te \\ (1-\tau)g'(\alpha eq) = t \\ p(nq)q = c(q) + (1-\tau)g(\alpha eq) + (1-\alpha)teq \end{cases} \quad (10.5)$$

改写方程组（10.5）为：

$$\begin{cases} F_1 = p(np) - c'(q) - \alpha e(1-\tau)g'(\alpha eq) - (1-\alpha)te = 0 \\ F_2 = (1-\tau)g'(\alpha eq) - t = 0 \\ F_3 = p(nq)q - c(q) - (1-\tau)g(\alpha eq) - (1-\alpha)teq = 0 \end{cases}$$，并命

$$\Delta_2 = \begin{vmatrix} \partial F_1/\partial q & \partial F_1/\partial \alpha & \partial F_1/\partial n \\ \partial F_2/\partial q & \partial F_2/\partial \alpha & \partial F_2/\partial n \\ \partial F_3/\partial q & \partial F_3/\partial \alpha & \partial F_3/\partial n \end{vmatrix}$$

$$= \begin{vmatrix} np'(nq) - c''(q) - \alpha^2 e^2 (1-\tau) g''(\alpha eq) & -\alpha e^2 q (1-\tau) g''(\alpha eq) & qp'(nq) \\ \alpha e(1-\tau) g''(\alpha eq) & eq(1-\tau) g''(\alpha eq) & 0 \\ nqp'(nq) & 0 & q^2 p'(nq) \end{vmatrix}$$

$$= -eq^3 (1-\tau) p'(nq) c''(q) g''(\alpha eq) > 0_{\circ}$$

由隐函数定理可知,式(10.5)存在唯一连续解 $q^*(t,\tau), \alpha^*(t,\tau)$ 和 $n^*(t,\tau)$。利用与上节相同的方法进行比较静态分析可得:

$$\begin{cases} \dfrac{\partial q^*}{\partial t} = -\alpha e/c''(q^*) < 0 \\[3mm] \dfrac{\partial \alpha^*}{\partial t} = -\dfrac{q^{*2} p'(n^* q^*)[c''(q^*) + \alpha^{*2} e^2 (1-\tau) g''(\alpha eq)]}{\Delta_2} > 0 \\[3mm] \dfrac{\partial n^*}{\partial t} = \dfrac{(1-\alpha)c''(q^*) + n^* \alpha^* p'(n^* q^*)}{q^* p'(n^* q^*) c''(q^*)} \end{cases}$$

$$(10.6)$$

显然,与短期均衡相同,提高排污税率会降低单个企业的长期均衡产量并提高其治污比例,即它能有效降低单个企业的排污量。但由于排污税率对行业内企业数目的影响不确定,需要进一步分析其对行业总产量及总排污量的影响。

由于 $\dfrac{\partial Q^*}{\partial t} = n^* \dfrac{\partial q^*}{\partial t} + q^* \dfrac{\partial n^*}{\partial t} = -\dfrac{(1-\alpha^*)(1-\tau) e^2 q^{*3} c''(q^*) g''(\alpha^* eq^*)}{\Delta_2} < 0$,

则 $\dfrac{\partial E^*}{\partial t} = \dfrac{\partial [n^*(1-\alpha^*) eq^*]}{\partial t} = e \left[(1-\alpha^*) \dfrac{\partial Q^*}{\partial t} - Q^* \dfrac{\partial \alpha^*}{\partial t} \right] < 0$,即提高排污税率将同时降低行业总产量及排污总量,但对行业内企业数量影响不确定。当产品需求曲线足够陡峭,或产品边际生产成本趋于常数

时,提高税率会增加行业企业数量,这与 Conrad 和 Wang(1993)的结论一致。

同理可得

$$
\begin{cases}
\dfrac{\partial q^*}{\partial \tau} = \dfrac{(1-\tau)eq^{*2}p'(n^*q^*)g(\alpha^* eq^*)g''(\alpha^* eq^*)}{\Delta_2} < 0 \\[4mm]
\dfrac{\partial \alpha^*}{\partial \tau} = -\dfrac{q^*p'(n^*q^*)[(1-\tau)\alpha^* eg(\alpha^* eq^*)g''(\alpha^* eq^*) + q^*g'(\alpha^* eq^*)c''(q^*)]}{\Delta_2} > 0 \\[4mm]
\dfrac{\partial n^*}{\partial \tau} = -\dfrac{(1-\tau)eq^*g(\alpha^* eq^*)g''(\alpha^* eq^*)[n^*p'(n^*q^*) - c''(q^*)]}{\Delta_2} > 0
\end{cases}
$$

$$(10.7)$$

由 $\dfrac{\partial Q^*}{\partial \tau} = \dfrac{(1-\tau)eq^{*2}g(\alpha^* eq^*)c''(q^*)g''(\alpha^* eq^*)}{\Delta_2} > 0$ 可知,提高治

污补贴比例将提高行业总产量。$\mathrm{sign}\left(\dfrac{\partial E^*}{\partial \tau}\right) = \mathrm{sign}\{(1-\tau)eg(\alpha^* eq^*)$

$[n^*\alpha^* p'(n^*q^*) + (1-\alpha)c''(q^*)] + n^*q^*p'(n^*q^*)g'(\alpha^* eq^*)c''(q^*)\}$
的符号虽然难以确定,但在以下 3 种情况下,可预期 t 的提高能降低行业排污总量:①产品需求曲线足够陡峭;②边际生产成本趋于常数;③边际治污成本趋于常数。总之,提高治污补贴比例将降低企业的长期均衡产量,激励其提高治污比例,减少单个中小企业排污量。但是,措施会吸引更多企业进入该行业,最终导致行业总产量提高,因此,其对行业排污总量的影响不确定。

综上所述可得结论 10.3 如下。

结论 10.3:提高排污税率将降低单个中小企业的长期均衡产量,并提高其治污比例,虽然其对行业内企业数量的影响不确定,但会降低行业总产量及排污总量;提高治污补贴比例也会导致单个中小企业降低长期均衡产量和提高治污比例,但同时也会刺激新企业进入,

从而提高行业总产量,对行业排污总量的影响就不能确定。

长期竞争中,若政府追求社会福利最大化,则社会最优的长期均衡产量和行业内的最优企业数量为: $\underset{q,\alpha,n}{\text{Max}}\int_0^{nq} p(y)\mathrm{d}y - nc(q) - ng(\alpha eq) - D[n(1-\alpha)eq]$ 。由最优化的一阶条件可得:

$$
\begin{cases}
p(nq) = c'(q) + \alpha eg'(\alpha eq) + (1-\alpha)e \cdot \dfrac{\mathrm{d}D}{\mathrm{d}E} \\[2mm]
g'(\alpha eq) = \dfrac{\mathrm{d}D}{\mathrm{d}E} \\[2mm]
p(nq)q = c(q) + g(\alpha eq) + (1-\alpha)eq \cdot \dfrac{\mathrm{d}D}{\mathrm{d}E}
\end{cases}
\tag{10.8}
$$

对比式(10.8)与式(10.5)可得结论10.4。

结论 10.4: ①若 $t = \dfrac{\mathrm{d}D}{\mathrm{d}E}$,则 $t = 0$ 时,长期竞争均衡实现了长期社会最优均衡;②若 $t \neq \dfrac{\mathrm{d}D}{\mathrm{d}E}$,则当且仅当 $\alpha = \dfrac{1}{2}$ 且 $g(\alpha eq) = Aq^{2/e}$ (A 为任意正常数)时,治污补贴率 $\tau = \dfrac{e(t - \mathrm{d}D/\mathrm{d}E)}{2Aq^{(2-e)/e}}$,使得长期竞争均衡实现长期社会最优均衡。

证明:将式(10.8)与式(10.5)对应方程相减可得

$$
\begin{cases}
\alpha\tau g'(\alpha eq) = (1-\alpha)\left(t - \dfrac{\mathrm{d}D}{\mathrm{d}E}\right) \\[2mm]
\tau g'(\alpha eq) = t - \dfrac{\mathrm{d}D}{\mathrm{d}E} \\[2mm]
\tau g(\alpha eq) = (1-\alpha)eq\left(t - \dfrac{\mathrm{d}D}{\mathrm{d}E}\right)
\end{cases}
\tag{10.9}
$$

显然 $t = \dfrac{\mathrm{d}D}{\mathrm{d}E}$ 且 $t = 0$ 是式(10.9)的一组解,即此时式(10.8)与式

（10.5）等价，长期竞争均衡实现了长期社会最优均衡；而 $t \neq \dfrac{dD}{dE}$ 时，由

式（10.9）的前两个方程可得出 $\alpha = \dfrac{1}{2}$。

将式（10.9）中第 1 与第 3 个方程相除可得 $\dfrac{g'(\alpha eq)}{g(\alpha eq)} = \dfrac{1}{\alpha eq}$，即治污

成本函数 $g(\alpha eq) = Aq^{1/\alpha e} = Aq^{1/e}$（$A$ 为任意正常数）时，方程组（10.9）有解。

此时税率和补贴率之间的关系满足：$\tau = \dfrac{e(t - dD/dE)}{2Aq^{(2-e)/e}}$。结论 10.4 证毕。

现实中，能满足以上形式的治污成本函数和治污比例并不常见。换言之，结论 10.4 进一步说明，只需将排污税率设定正确，即排污税率等于污染物边际社会成本时，市场机制在促使企业在实现长期均衡的同时，实现社会福利最大化，因此没有必要补贴污染治理。

10.2　采用清洁生产方式下的补贴机制

若企业在生产过程中引入清洁生产技术来降低排污系数。企业将额外投入 x，排污系数 $e(x)$ 则随投入 x 的增加以递减的速率降低，即 $e(0) = e, e'(x) < 0, e''(x) > 0$。政府仍然采用的排污税率为 $t \in (0, 1)$，同时对清洁生产的投入补贴率为 $\tau \in (0, 1)$。此时每家中小企业的排污量为 $e(x)q$，行业排污总量为 $E = ne(x)q$。

10.2.1　短期补贴机制

短期内行业企业数量 n 固定，行业供求均衡时的价格 $p(Q)$ 对单

个企业而言为外生给定常数,单个企业决策问题为 $\underset{q,x}{\mathrm{Max}}\,\pi(q,x)=$
$p(Q)q-c(q)-(1-\tau)x-te(x)q$。由最优化的一阶条件可得:

$$
\begin{cases}
p(Q)=p(nq)=c'(q)+te(x) \\
te'(x)q+1-\tau=0
\end{cases}
\tag{10.10}
$$

二阶条件为 $\dfrac{\partial^2\pi}{\partial q^2}\cdot\dfrac{\partial^2\pi}{\partial x^2}-\left(\dfrac{\partial^2\pi}{\partial q\partial x}\right)^2=tqe''(x)c''(q)-[te'(x)]^2>0$。若

式(10.10)得到的最优解为 $q^*(t,\tau),t^*(t,\tau)$,将其代入式(10.10)并
求关于 t 的一阶偏导可得:

$$
\begin{cases}
[np'(nq^*)-c''(q^*)]\dfrac{\partial q^*}{\partial t}-te'(x^*)\dfrac{\partial x^*}{\partial t}=e(x^*) \\
te'(x^*)\dfrac{\partial q^*}{\partial t}+tq^*e''(x^*)\dfrac{\partial x^*}{\partial t}=-e'(x^*)q^*
\end{cases}
$$

由 Cramer 法则解得

$$
\begin{cases}
\dfrac{\partial q^*}{\partial t}=\dfrac{tq^*[e(x^*)e''(x^*)-e'^2(x^*)]}{\Delta_3} \\
\dfrac{\partial x^*}{\partial t}=\dfrac{e'(x^*)[c''(q^*)q^*-te(x^*)-nq^*p'(nq^*)]}{\Delta_3}
\end{cases}
$$

其中 $\Delta_3=ntp'(nq^*)e''(x^*)-\{tq^*e''(x^*)c''(q^*)-[te'(x^*)]^2\}<0$。

显然,排污税率的变化对中小企业短期均衡产量及清洁生产投
入的影响都不确定。求 $\partial E^*/\partial t$ 可以发现其符号不确定,及排污税率
的变化对行业排污总量 $E^*=ne(x^*)q^*$ 的影响也不确定。

同理得 $\begin{cases}\dfrac{\partial q^*}{\partial\tau}=\dfrac{te'(x^*)}{\Delta_3}>0 \\ \dfrac{\partial x^*}{\partial\tau}=\dfrac{np'(nq^*)-c''(q^*)}{\Delta_3}>0\end{cases}$,而 $\dfrac{\partial E^*}{\partial\tau}=$

$\dfrac{ne'(x^*)\{te(x^*)-[p'(nq^*)+c''(q^*)]q^*\}}{\Delta_3}$ 符号不确定。但是当产品

需求曲线比边际成本曲线更陡峭时,提高清洁生产补贴比例一定可以减少行业排污总量。由此可得结论 10.5 如下。

结论 10.5: 在清洁生产方式下,改变排污税率对企业短期均衡产量、清洁生产投入和行业排污总量的影响均不确定;提高清洁生产投入补贴比例则会激励企业提高产量和清洁生产投入,但对行业排污总量的影响也不确定。

提高排污税率会产生复杂效应:一方面,提高税率会增加企业排污处罚,从而使企业有减产的动力;但另一方面,企业又可通过提高清洁生产投入来降低排污系数,部分抵消了提高税率的减产激励;但是,提高清洁生产投入又会增加企业的边际生产成本,再次出现减产激励。三者间的效应大小难以确定,因此,税率变化对清洁生产投入的影响不确定,对企业短期均衡产量的影响也就不确定。

若政府以社会福利最大化为目标,则短期社会最优产量以及最优清洁生产投入由 $\text{Max}_{q,x} \int_0^{nq} p(y)\,\mathrm{d}y - nc(q) - nx - D[nqe(x)]$ 决定。

由最优化的一阶条件可得:

$$\begin{cases} p(nq) = c'(q) + e(x) \cdot \dfrac{\mathrm{d}D}{\mathrm{d}E} \\[3mm] qe'(x) \cdot \dfrac{\mathrm{d}D}{\mathrm{d}E} + 1 = 0 \end{cases} \tag{10.11}$$

比较式(10.11)与式(10.10)可得结论 10.6 如下。

结论 10.6: 在清洁生产方式下,当且仅当 $t = \dfrac{\mathrm{d}D^*}{\mathrm{d}E}$,$t = 0$ 时,行业短期均衡实现了社会最优均衡。

结论 10.6 表明,在清洁生产方式下,若政府规制目标为社会最优,则只需将排污税率设定为污染的边际社会成本,即可激励企业在实现最优竞争均衡的同时,实现短期社会福利最大化,因此,在短期没有必要对企业清洁生产进行补贴。

10.2.2　长期补贴机制

　　长期竞争中,行业内企业数量可变。在自由竞争下,企业和行业的长期均衡需满足三个条件:一是行业供需平衡条件确定产品均衡价格 $p(Q) = p(nq)$;二是单个中小企业在此价格下以利润最大化为目标确定其最优产量以及最优清洁生产投入;三是由于企业的自由进入和退出决定了每个中小企业的长期利润为零。

即:
$$\begin{cases} \max\limits_{q,x} \pi(q,x) = p(Q)q - c(q) - (1-\tau)x - te(x)q \\ p(nq)q = c(q) + (1-\tau)x + tqe(x) \end{cases}$$
。

　　由最优化的一阶条件可得:

$$\begin{cases} p(Q) = p(nq) = c'(q) + te(x) \\ tqe'(x) + 1 - \tau = 0 \\ p(nq)q = c(q) + (1-\tau)x + tqe(x) \end{cases} \qquad (10.12)$$

　　同理,长期均衡中,q 和 x 存在最优解的二阶条件为:

$$tqe''(x)c''(q) - [te'(x)]^2 > 0。\ 命\begin{cases} F_1 = p(nq) - c'(q) - te(x) = 0 \\ F_2 = tqe'(x) + 1 - \tau = 0 \\ F_3 = p(nq)q - c(q) - (1-\tau)x - tqe(x) = 0 \end{cases},且$$

$$\Delta_4 = \begin{vmatrix} \partial F_1/\partial n & \partial F_1/\partial q & \partial F_1/\partial x \\ \partial F_2/\partial n & \partial F_2/\partial q & \partial F_2/\partial x \\ \partial F_3/\partial n & \partial F_3/\partial q & \partial F_3/\partial x \end{vmatrix} = \begin{vmatrix} qp'(nq) & np'(nq) - c''(q) & -te'(x) \\ 0 & te'(x) & tqe''(x) \\ q^2p'(nq) & nqp'(nq) & 0 \end{vmatrix} =$$

$$-q^2p'(nq)\{tqe''(x)c''(q) - [te'(x)]^2\} > 0。$$

　　由隐函数定理可以知,式(10.12)存在唯一连续解 $n^*(t,\tau)$,

$x^*(t,\tau), n^*(t,\tau)$。将其代入式(10.12)并分别求关于 t 和 t 的一阶导数可得:

$$\begin{cases} \dfrac{\partial n^*}{\partial t} = \dfrac{q^*\left\{tn^*q^*p'(n^*q^*)e'^2(x^*) - e(x^*)\{tq^*e''(x^*)c''(q^*) - [te'(x^*)]^2\}\right\}}{\Delta_4} < 0 \\[3mm] \dfrac{\partial q^*}{\partial t} = 0 \\[3mm] \dfrac{\partial x^*}{\partial t} = \dfrac{e(x^*)p'(n^*q^*)c''(q^*)q^{*2}}{\Delta_4} < 0 \end{cases}$$

$$(10.13)$$

$$\begin{cases} \dfrac{\partial n^*}{\partial \tau} = \dfrac{-n^*tq^*p'(n^*q^*)[e'(x^*) + x^*e''(x^*)] + x^*[tq^*e''(x^*)c''(q^*)] - [te'(x^*)]^2}{\Delta_4} \\[3mm] \dfrac{\partial q^*}{\partial \tau} = \dfrac{tq^{*2}p'(n^*q^*)[e'(x^*) + x^*e''(x^*)]}{\Delta_4} \\[3mm] \dfrac{\partial x^*}{\partial \tau} = -\dfrac{q^*p'(n^*q^*)[tx^*e'(x^*) + c''(q^*)q^*]}{\Delta_4} \end{cases}$$

$$(10.14)$$

由式(10.13)可看出,在清洁生产方式下,提高排污税率同样不会改变单个中小企业长期均衡产量,但会减少行业内企业数量,从而降低行业总产出,但同时又降低了企业的清洁生产投入,最终对行业排污总量的影响不确定。清洁生产投入补贴的变动对上述三个变量的影响都不确定。命 $X = nx$ 表示全行业用于清洁生产的总投入,则可发现 $\dfrac{\partial Q}{\partial \tau} = \dfrac{x^*\{t^*e''(x^*)c''(q^*) - [te'(x^*)]^2\}}{\Delta_4} > 0$,但 $\dfrac{\partial X^*}{\partial \tau}$ 及 $\dfrac{\partial E^*}{\partial \tau} = \dfrac{\partial[n^*e(x^*)q^*]}{\partial \tau}$ 的符号不确定,即提高清洁生产投入补贴率将提高行业总产量,但对行业清洁生产总投入以及排污总量的影响不确定。

由此可得结论 10.7 如下。

结论 10.7:清洁生产方式,提高排污税率不影响单个中小企业的长期均衡产量,但会降低每个中小企业的清洁生产投入,同时还会降低行业内企业数量,但对行业排污总量的影响不确定。提高企业清洁生产投入补贴将提高行业总产量,但对单个中小企业的长期均衡产量及其清洁生产投入,行业内企业数量及清洁生产总投入和排污总量的影响均不确定。

政府长期社会福利最大化的决策问题为 $\underset{n,q,x}{\text{Max}} \int_0^{nq} p(y)\mathrm{d}y - nc(q) - nx - D[nqe(x)]$。由一阶条件可以得到:

$$
\begin{cases}
p(nq) = c'(q) + e(x) \cdot \dfrac{\mathrm{d}D}{\mathrm{d}E} \\[2mm]
qe'(x) \cdot \dfrac{\mathrm{d}D}{\mathrm{d}E} + 1 = 0 \\[2mm]
p(nq)q = c(q) + x + qe(x) \cdot \dfrac{\mathrm{d}D}{\mathrm{d}E}
\end{cases}
\tag{10.15}
$$

217

政府规制目标是激励企业自由竞争的均衡结果与政府期望结果一致,即政府希望式(10.15)与式(10.12)最优解相同。将两式对应方

程相减可以得到:$\begin{cases} \left(t - \dfrac{\mathrm{d}D}{\mathrm{d}E}\right)e(x) = 0 \\[2mm] \left(t - \dfrac{\mathrm{d}D}{\mathrm{d}E}\right)qe'(x) = 0 \\[2mm] \left(t - \dfrac{\mathrm{d}D}{\mathrm{d}E}\right)qe(x) - \tau x = 0 \end{cases}$。

由此可得结论 10.8 如下。

结论 10.8: 在清洁生产方式下,当且仅当 $t = \dfrac{\mathrm{d}D^*}{\mathrm{d}E}, t = 0$ 时,长期竞争均衡实现了长期社会最优均衡。

结论 10.8 再一次表明,政府只需正确设定企业的排污税率,即可实现社会福利最大化,因此没有必要补贴企业清洁生产投入。

第*11*章 中小企业减排技术
协同创新补贴机制

集中治污虽然较好解决了中小企业无力购买治污设备,治污规模经济及政府监管难等问题,但集中治污下还存在一个难题,就是中小企业生产工艺落后,生产过程中产生的污染物过多,不但极大增加了其治污成本和总成本,还极大提高了治污企业的治污难度,甚至导致其治污不达标,造成生态环境破坏(Zeng,Meng,Zeng,等,2011)。因此,如何激励中小企业加大减排技术创新也是政府环保工作中的核心任务之一。

中小企业由于规模小、资本少、融资难等问题,使其即使是在政府给予补贴的情况下,一般也难以独立承担减排技术创新的投资。此外,同行业内的中小企业一般规模相近,采用的生产工艺及技术也基本相同;加上技术创新所特有的外部性,一家企业创新,其他企业也会受益,因此,对于中小企业(尤其是集中到同一工业园区进行生产和排污的中小企业),一个更可行的方式是所有的中小企业共同出资,委托一家专业研发机构,由其为所有中小企业开发共性的减排技术。

本章则通过对比分析中小企业不进行创新、在没有政府补贴下进行减排技术创新,以及在有政府补贴下进行减排技术创新等三种情况下,政府减排技术创新投入补贴对中小企业减排技术协同创新投资策略,生产、排污策略及社会福利的影响,设计出政府对中小企业的最优补贴机制,有效激励中小企业与研发机构进行减排技术协同创新。

11.1　协同创新政府补贴背景

某地区有多家生产同一产品的中小企业,中小企业在生产过程中会产生一定数量的污染物。为了实现治污规模化,获得治污规模经济,中小企业集中到一起进行生产,将污染物排放给一家专业治污企业,并按排污量向其支付一定数额的治污费,由其进行专业化集中治污。

中小企业计划进行降低污染物排放量的技术创新。由于中小企业本身并不具备相应研发创新能力,因此,中小企业决定共同出资,委托一家研发机构(科研机构或高校)进行减排技术的创新活动。

为了鼓励中小企业进行减排技术的创新,政府决定进行创新投资补贴,其方式既可以是按中小企业用于研发的出资额的一定比例对其进行补贴,也可以按研发机构的研发投入的一定比例对其进行补贴。

中小企业减排技术协同创新过程如下:首先,由政府决定补贴对象和补贴比例;其次,由研发机构决定向中小企业收取的研发费用;再次,由中小企业共同决定其减排技术的创新程度(即减排程度);最后,中小企业展开古诺博弈,决定产品产量。

本章将通过构建中小企业减排技术协同创新博弈模型,研究中小企业的减排技术协同创新策略,包括是否应该进行创新,应该将污染物排放水平降低多少,以及政府的创新补贴策略:是否应该补贴,对谁进行补贴,补贴比例是多少等,以最终实现社会福利最大化。

11.2　协同创新政府补贴模型

某地区有 n 家生产同一产品的中小企业,该产品的反需求函数为 $P=P_0-aQ$,其中,Q 为所有中小企业 $i(i=1,2,\cdots,n)$ 的产品产量 q_i 之和,即 $Q=\sum_{i=1}^{n}q_i$。中小企业 i 的单位产品生产成本为 C_P,且在生产过程中会产生一定数量的污染物,其污染物生成量(即排放量)e_i 为其产品产量的函数,即 $e_i=\varepsilon_0 q_i$,其中,ε_0 为单位产品的污染物排放量。

为了实现治污规模化,获得治污规模经济,中小企业集中到一起进行生产,将污染物排放给一家专业治污企业 E,由其进行专业化集中治污。治污企业以单位治污成本 C_E 对中小企业的污染物进行治理,并按单位治污价格 P_E 向中小企业收取治污费。本章考虑治污企业的单位治污价格与中小企业排污量无关,即在中小企业进行技术创新前后维持不变。

现中小企业计划进行降低单位产品污染物排放量的技术创新,将单位产品的污染物排放量由 ε_0 降低为 ε_1,$0\leqslant\varepsilon_1\leqslant1$。由于中小企业本身并不具备相应的减排技术研发创新能力,因此,中小企业决定共同出资,委托一家研发机构 R(科研机构或高校)进行减排技术的创新活动,技术创新所需费用由所有中小企业平均分摊。

研发机构进行减排技术创新活动的成本 C_R 为中小企业的单位

产品污染物排放量初始值 ε_0 和减排技术创新目标值 ε_1 的函数,即 $C_R = \dfrac{\gamma(\varepsilon_0 - \varepsilon_1)^2}{2}$。该创新成本函数表明,单位产品的污染物排放量初始值与减排技术创新目标值之间的差距(不妨称为"创新程度")越大,创新成本越高,且创新难度也越大,即创新的边际成本也越高。γ 为创新成本系数,是研发机构创新能力的表现,即 γ 越大,研发机构创新能力越弱,相同创新程度下的创新成本越高;反之,γ 越小,研发机构创新能力越强,相同创新程度下的创新成本越低。研发机构向中小企业收取创新费用 P_R 同样为创新程度的函数,即 $P_R = \dfrac{\beta(\varepsilon_0 - \varepsilon_1)^3}{3}$,其中,$\beta$ 为创新收费系数。

为了鼓励中小企业进行减排技术创新,政府决定按中小企业创新成本(即研发机构创新收费 P_R)的一定比例 s 对中小企业 i 进行补贴。

以上信息均为政府、研发机构、治污企业和中小企业的共同知识。

由于中小企业 i 的单位产品生产成本 C_P,以及治污企业的单位治污成本 C_E 为固定常数,并不会对模型分析产生本质影响,只会使分析公式变复杂,因此,本章将 C_P 和 C_E 简化为 0。

命 $j = NR$ 表示不进行技术创新,$j = RN$ 表示进行技术创新但政府不补贴,$j = RS$ 表示进行技术创新且政府进行补贴。由此可得,中小企业 $i(i = 1, 2, \cdots, n)$ 利润为:

$$\pi_i^j = (P^j - P_E e_i^j) q_i^j - \frac{\delta^j \beta (\varepsilon_0 - \varepsilon_i^j)^3 (1 - \sigma^j s)}{3n} \tag{11.1}$$

其中,$\delta^j = \begin{cases} 0 & j = NR \\ 1 & \text{其他} \end{cases}$,$\sigma^j = \begin{cases} 0 & \text{其他} \\ 1 & j = RS \end{cases}$。

治污企业 E 的利润为:

$$\pi_E^j = P_E \sum_{i=1}^{n} e_i^j \tag{11.2}$$

研发机构 R 的利润为:

$$\pi_R^j = \delta_j \left[\frac{\beta^j (\varepsilon_0 - \varepsilon_i^j)^3}{3} - \frac{\gamma (\varepsilon_0 - \varepsilon_i^j)^2}{2} \right] \tag{11.3}$$

消费者剩余为:

$$CS^j = \frac{(P_0 - P^j)^2}{2a} \tag{11.4}$$

政府补贴为:

$$GS^j = \frac{\delta_j \sigma_j s \beta (\varepsilon_0 - \varepsilon_i^j)^3}{3} \tag{11.5}$$

社会福利为:

$$SW^j = \sum_{i=1}^{n} \pi_i^j + \pi_E^j + \pi_R^j + CS^j - GS^j \tag{11.6}$$

11.3 协同创新政府补贴机制

若中小企业 $i(i=1,2,\cdots,n)$ 不进行技术创新,则其在产品市场上的古诺博弈均衡解,即最优产品产量为:

$$\bar{q}_i^{NR} = \frac{(P_0 - P_E \varepsilon_0)}{2na} \tag{11.7}$$

中小企业 i 的最优利润和最优社会福利分别为:

$$\bar{\pi}_i^{NR} = \frac{(P_0 - P_E \varepsilon_0)^2}{4na} \tag{11.8}$$

$$\overline{SW}^{NR} = \frac{(P_0 - P_E \varepsilon_0)(3P_0 + P_E \varepsilon_0)}{8a} \tag{11.9}$$

若中小企业 i 在没有政府补贴的情况下进行技术创新,则其在产品市场上的古诺博弈均衡解为:

$$q_i^{RN} = \frac{(P_0 - P_E \varepsilon_1^{RN})}{2na} \tag{11.10}$$

接着,中小企业以利润最大化为目标,共同决定其减排技术创新目标值 ε_1^{RN},将式(11.10)代入式(11.1),并求解 $\frac{\partial \pi_i^{RN}}{\partial \varepsilon_1^{RN}} = 0$,可得:

$$\varepsilon_1^{RN} = \varepsilon_0 - \frac{P_E^2 + \sqrt{P_E^4 + 8a\beta^{RN}P_E(P_0 - P_E\varepsilon_0)}}{4a\beta^{RN}} \tag{11.11}$$

式(11.11)为中小企业减排技术创新目标值 ε_1^{RN} 关于研发机构创新收费系数 β^{RN} 的反应函数,即中小企业会根据研发机构的创新收费系数 β^{RN} 确定其减排技术创新目标值 ε_1^{RN}。由于以上信息为共同知识,因此,研发机构知道中小企业的创新程度反应函数,就会根据该函数,以最大化其自身利润为目标确定创新收费系数。将式(11.11)代入式(11.3),并求解 $\frac{\partial \pi_R^{RN}}{\partial \beta^{RN}} = 0$,可得研发机构最优创新收费系数 $\bar{\beta}^{RN}$ 为:

$$\bar{\beta}^{RN} = \frac{(P_E^2 - 6a\gamma)(P_E^2 - 3a\gamma)}{aP_E(P_0 - P_E\varepsilon_0)} \tag{11.12}$$

将式(11.12)分别代入式(11.10)和式(11.11),求得当 $P_E^2 > 6a\gamma$ 时的中小企业最优创新目标值和产品产量,再分别代入式(11.1)—式(11.6),可得中小企业 i、治污企业和研发机构最优利润 $\bar{\pi}_i^{RN}$、$\bar{\pi}_E^{RN}$、$\bar{\pi}_R^{RN}$,最优消费者剩余 $\overline{CS}^{RN}$,以及最优社会福利 $\overline{SW}^{RN}$,其中,中小企业和研发机构最优利润,以及最优社会福利分别为:

$$\bar{\pi}_i^{RN} = \frac{(P_0 - P_E\varepsilon_0)^2(2P_E^2 - 9a\gamma)(P_E^2 - 3a\gamma)}{3an(P_E^2 - 6a\gamma)^2} \tag{11.13}$$

$$\overline{\pi}_R^{RN} = \frac{P_E^2(P_0 - P_E\varepsilon_0)^2(2P_E^2 - 9a\gamma)}{6a(P_E^2 - 6a\gamma)^2} \tag{11.14}$$

$$\overline{SW}^{RN} = \frac{(P_0 - P_E\varepsilon_0)(P_0\theta_1 + P_E\varepsilon_0\theta_2)}{2a(P_E^2 - 6a\gamma)^2} \tag{11.15}$$

其中，$\theta_1 = P_E^4 - 13a\gamma P_E^2 + 27a^2\gamma^2$，$\theta_2 = P_E^4 - 5a\gamma P_E^2 + 9a^2\gamma^2$。

由此可得命题 11.1 如下。

命题 11.1：当 $a\gamma < \dfrac{P_E^2}{6}$ 时，中小企业将在没有政府补贴的情况下展开减排技术的创新活动。

证明：由式（11.8）和式（11.13）可得，当 $a\gamma < \dfrac{P_E^2}{6}$ 时，$\overline{\pi}_i^{RN} - \overline{\pi}_i^{NR} > 0$，即中小企业在没有政府补贴的情况下展开减排技术创新所获利润，大于不进行技术创新所获利润，因此，中小企业愿意进行技术创新。由式（11.12）和式（11.14）可知，当 $a\gamma < \dfrac{P_E^2}{6}$ 时，研发机构的创新收费系数大于 0，且所获利润 $\overline{\pi}_R^{RN} > 0$，因此，研发机构愿意为中小企业进行减排技术创新。由此可知，当 $a\gamma < \dfrac{P_E^2}{6}$ 时，中小企业将在没有政府补贴的情况下展开减排技术的创新活动。

命题 11.1 证毕。

由命题 11.1 中的条件 $a\gamma < \dfrac{P_E^2}{6}$ 可以看出，当治污企业收取的单位治污费用 P_E 较高，或研发机构的创新成本系数 γ 较小，即研发机构的创新能力足够强时，中小企业愿意进行减排技术的创新。这主要是因为，治污企业收取的单位治污费用较高时，中小企业通过减排技术创新所节约的治污成本更多，因此更愿意进行减排技术创新；而研

发机构的创新能力足够强时,其完成相同减排技术创新程度所需成本足够低,中小企业支付的创新费用低于因此节约的治污费用与增加的产品销售利润之和,从而愿意进行减排技术的创新。

若中小企业 i 在政府对其补贴的情况下进行技术创新,则其在产品市场上的古诺博弈均衡解为:

$$q_i^{RS} = \frac{(P_0 - P_E \varepsilon_1^{RS})}{2na} \tag{11.16}$$

接着,中小企业以利润最大化为目标,共同决定其减排技术创新目标值 ε_1^{RS},将式(11.16)代入式(11.1),并求解 $\dfrac{\partial \pi_i^{RS}}{\partial \varepsilon_1^{RS}} = 0$,可得:

$$\varepsilon_1^{RS} = \varepsilon_0 - \frac{1}{4a\beta^{RN}} \big[P_E^2 + \sqrt{P_E^4 + 8a\beta^{RS} P_E (1-s)(P_0 - P_E \varepsilon_0)} \big] \tag{11.17}$$

式(11.17)为中小企业减排技术创新目标值 ε_1^{RS} 关于研发机构创新收费系数 β^{RS} 的反应函数,因此,研发机构将根据该函数以最大化其自身利润为目标确定加成比例。将式(11.17)代入式(11.3),并求解 $\dfrac{\partial \pi_R^{RS}}{\partial \beta^{RS}} = 0$,可得研发机构创新收费系数 β^{RS} 为:

$$\beta^{RS} = \frac{[P_E^2 - 6(1-s)a\gamma][P_E^2 - 3(1-s)a\gamma]}{aP_E(1-s)(P_0 - P_E \varepsilon_0)} \tag{11.18}$$

式(11.18)为研发机构创新收费系数 β^{RS} 关于政府补贴比例 s 的反应函数,即研发机构将按政府的补贴比例 s 确定其加成比例 β^{RS}。由于以上信息也是共同知识,因此,政府知道研发机构的反应函数,就会根据该函数以最大化社会福利为目标确定补贴比例。将式(11.18)代入式(11.6),并求解 $\dfrac{\partial SW^{RS}}{\partial s} = 0$,可得政府最优补贴 $\bar{s}$ 为:

$$\bar{s} = \frac{a\gamma(5P_0 + P_E\varepsilon_0) - P_E^3\varepsilon_0}{3a\gamma(P_0 + P_E\varepsilon_0)} \tag{11.19}$$

将式(11.19)代入式(11.18),可得研发机构最优创新收费系数 $\bar{\beta}^{RS}$ 为:

$$\bar{\beta}^{RS} = \frac{3\gamma(P_E^2 + 4a\gamma)[P_0P_E^2 + 2a(P_0 - P_E\varepsilon_0)]}{P_E(P_0 + P_E\varepsilon_0)[P_E^3\varepsilon_0 - 2a\gamma(P_0 - P_E\varepsilon_0)]} \tag{11.20}$$

将式(11.20)分别代入式(11.16)和式(11.17),可得中小企业最优创新目标值 $\bar{\varepsilon}_1^{RS}$ 和最优产品产量 $\bar{q}_i^{RS}$,再将 $\bar{q}_i^{RS}$、$\bar{\varepsilon}_1^{RS}$ 和 $\bar{\beta}^{RS}$ 分别代入(11.1)—(11.6)式,可得中小企业 i、治污企业和研发机构最优利润 $\bar{\pi}_i^{RS}$、$\bar{\pi}_E^{RS}$、$\bar{\pi}_R^{RS}$,最优消费者剩余 $\overline{CS}^{RS}$,以及最优社会福利 $\overline{SW}^{RS}$,其中,中小企业和研发机构的最优利润,以及最优社会福利分别为:

$$\bar{\pi}_i^{RS} = \frac{[P_0P_E^2 + 2a\gamma(P_0 - P_E\varepsilon_0)][P_E^2(P_0 - P_E\varepsilon_0) + 6a\gamma(P_0 - P_E\varepsilon_0)]}{3an(P_E^2 - 6a\gamma)^2}$$

$$\tag{11.21}$$

$$\bar{\pi}_R^{RS} = \frac{P_E^2\gamma(P_0 - P_E\varepsilon_0)^2[P_E^2(P_0 - P_E\varepsilon_0) + 6a\gamma(P_0 - P_E\varepsilon_0)]}{2(P_E^2 + 4a\gamma)^2[P_E^3\varepsilon_0 - 2a\gamma(P_0 - P_E\varepsilon_0)]}$$

$$\tag{11.22}$$

$$\overline{SW}^{RS} = \frac{1}{2aP_E^2 + 8a^2\gamma}\{P_E^2P_0^2 + a\gamma[(P_0^2 - P_E^2\varepsilon_0^2) + 2(P_0^2 - P_0P_E\varepsilon_0)]\}$$

$$\tag{11.23}$$

由此可得命题 11.2 如下。

命题 11.2:当 $a\gamma > \dfrac{P_E^3\varepsilon_0}{5P_0 + P_E\varepsilon_0}$ 时,中小企业愿意在政府对中小企业进行补贴的情况下,开展减排技术的创新活动。

证明:由式(11.8)、式(11.13)和式(11.21)可得,当 $a\gamma > \dfrac{P_E^3\varepsilon_0}{5P_0 + P_E\varepsilon_0}$

时，$\overline{\pi}_i^{RS} > \overline{\pi}_i^{NR}$ 且 $\overline{\pi}_i^{RS} > \overline{\pi}_i^{RN}$，即中小企业在政府对其进行补贴的情况下开展减排技术创新所获利润，大于不进行技术创新所获利润，以及在没有政府补贴情况下展开技术创新所获利润。因此，中小企业愿意在政府对其进行补贴的情况下进行技术创新。

命题 11.2 证毕。

命题 11.2 中的条件 $a\gamma > \dfrac{P_E^3 \varepsilon_0}{5P_0 + P_E \varepsilon_0}$ 可以看出，当治污企业收取的单位治污费用 P_E 较低，或研发机构的创新成本系数 γ 较大，即研发机构的创新能力较弱时，政府可以通过适当的创新投资补贴来激励中小企业进行减排技术的创新活动。

命题 11.3：当 $a\gamma < \dfrac{P_E^3 \varepsilon_0}{P_0 - P_E \varepsilon_0}$ 时，研发机构愿意在政府对中小企业进行补贴的情况下，为中小企业进行减排技术的创新活动。

证明：当 $a\gamma < \dfrac{P_E^3 \varepsilon_0}{P_0 - P_E \varepsilon_0}$ 时，研发机构的最优创新收费系数 $\overline{\beta}^{RS}$ 和最优利润 $\overline{\pi}_R^{RS}$ 均为正。此外，由于只有中小企业才有权决定是否接受政府补贴，研发机构只能根据其利润是否为正决定是否为中小企业进行减排技术创新。因此，当 $a\gamma < \dfrac{P_E^3 \varepsilon_0}{P_0 - P_E \varepsilon_0}$ 时，研发机构所获利润大于 0，就会愿意为中小企业进行减排技术创新。

命题 11.3 证毕。

由命题 11.3 的条件 $a\gamma < \dfrac{P_E^3 \varepsilon_0}{P_0 - P_E \varepsilon_0}$ 可以看出，即使是在政府对中小企业进行补贴的情况下，也只有创新成本系数 γ 较小，即创新能力较强的研发机构才愿意接受中小企业的委托进行减排技术的创新活动。

命题 11.4：当 $a\gamma > \dfrac{P_E^3 \varepsilon_0}{5P_0 + P_E \varepsilon_0}$ 时，政府应该对中小企业减排技术创

新进行补贴。

证明：由命题 11.2 可知，当 $a\gamma > \dfrac{P_E^3 \varepsilon_0}{5P_0 + P_E \varepsilon_0}$ 时，中小企业愿意在政府对其进行补贴的情况下进行减排技术的创新活动。

由式（11.9）、式（11.15）和式（11.23）可得，$\overline{SW}^{RS} > \overline{SW}^{NR}$ 且 $\overline{SW}^{RS} > \overline{SW}^{RN}$，即政府通过补贴中小企业减排技术创新提高了社会福利。

因此，作为以社会福利最大化为目标的政府，应该在 $a\gamma > \dfrac{P_E^3 \varepsilon_0}{5P_0 + P_E \varepsilon_0}$ 时，对中小企业减排技术创新活动进行补贴。

命题 11.4 证毕。

命题 11.4 表明，当研发机构的创新成本系数 γ 较大，即研发机构的创新能力较弱时，政府对中小企业的减排技术创新活动进行补贴，不仅可以提高中小企业的利润，使得中小企业愿意在其补贴下进行减排技术创新，还可以提高社会福利，实现政府最大化社会福利的目标。

命题 11.5：当 $\dfrac{P_E^2}{6} < a\gamma < \dfrac{P_E^3 \varepsilon_0}{P_0 - P_E \varepsilon_0}$ 时，政府对中小企业进行创新补贴可以激励中小企业进行减排技术创新，提高社会福利。

证明：由式（11.8）和式（11.13）可得，当 $a\gamma > \dfrac{P_E^2}{6}$ 时，$\overline{\pi}_i^{RN} - \overline{\pi}_i^{NR} < 0$，因此，若政府不对中小企业进行补贴，中小企业将不会进行减排技术创新活动。

由 $P_0 > P_E \varepsilon_0$ 可知 $\dfrac{P_E^3 \varepsilon_0}{5P_0 + P_E \varepsilon_0} > \dfrac{P_E^2}{6}$，因此，由命题 11.2 可知，当 $a\gamma > \dfrac{P_E^2}{6}$ 时，原本不愿进行减排技术创新的中小企业，在政府对其进行补贴的情况下愿意进行减排技术创新活动。

由命题 11.3 可知,当 $a\gamma < \dfrac{P_E^3 \varepsilon_0}{P_0 - P_E \varepsilon_0}$ 时,研发机构愿意在政府对中小企业进行补贴的情况下为中小企业进行减排技术的创新活动。

因此,当 $\dfrac{P_E^2}{6} < a\gamma < \dfrac{P_E^3 \varepsilon_0}{P_0 - P_E \varepsilon_0}$ 时,在政府对中小企业进行补贴的情况下,可以激励中小企业进行减排技术创新。

此外,由式(11.9)和式(11.23)可知,$\overline{SW}^{RS} > \overline{SW}^{NR}$,即政府补贴提高了社会福利。

因此,当 $\dfrac{P_E^2}{6} < a\gamma < \dfrac{P_E^3 \varepsilon_0}{P_0 - P_E \varepsilon_0}$ 时,政府对中小企业进行创新补贴可以激励中小企业进行减排技术创新,提高社会福利。

命题 11.5 证毕。

命题 11.5 表明,当研发机构的创新能力较弱,使得中小企业进行减排技术创新反而会降低其利润而不愿进行创新时,政府可以通过对中小企业进行补贴,使其从减排技术创新中增加利润,从而愿意进行创新,进而提高社会福利。

命题 11.6:当 $a\gamma < \dfrac{P_E^3 \varepsilon_0}{5P_0 + P_E \varepsilon_0}$ 或 $a\gamma > \dfrac{P_E^3 \varepsilon_0}{P_0 - P_E \varepsilon_0}$ 时,政府无须对中小企业减排技术创新进行补贴。

证明:当 $a\gamma < \dfrac{P_E^3 \varepsilon_0}{5P_0 + P_E \varepsilon_0}$ 时,$\overline{\pi}_i^{RS} < \overline{\pi}_i^{RN}$,因此,中小企业不会接受政府的补贴;当 $a\gamma > \dfrac{P_E^3 \varepsilon_0}{P_0 - P_E \varepsilon_0}$ 时,$\overline{\pi}_R^{RS} < 0$,研发机构不会为中小企业进行减排技术创新。因此,在以上两种情况下,政府均无须对中小企业减排技术创新进行补贴。

命题 11.6 证毕。

命题 11.6 表明，当研发机构创新能力很强时，政府进行补贴反而会降低中小企业利润，因此，中小企业不会接受政府补贴，政府也就无须对中小企业的减排技术创新行为进行补贴；当研发机构创新能力太弱时，即使政府对中小企业的减排技术创新行为进行补贴，研发机构也无法从协同创新中获利，而不愿为中小企业进行减排技术创新，因此，政府也无须进行补贴。

11.4 政府补贴效果分析

某地区有 20 家生产同一种产品的中小企业，其产品反需求函数为 $P = 1\,000 - Q$。中小企业 $i(i = 1, 2, \cdots, 20)$ 在生产过程中会产生一定数量的污染物，且污染物生产量为 $e_i = 10q_i$。所有中小企业的污染物均由专业治污企业进行治理，治污企业按单位治污价格 $P_E = 60$ 向中小企业收取治污费用。

现中小企业计划进行减排技术创新，将单位产品的污染物排放量由 $\varepsilon_0 = 10$ 降低为 ε_1。中小企业将创新活动外包给科研组织，科研组织的研发成本为 $C_R = 350(\varepsilon_0 - \varepsilon_1)^2$，并就中小企业减排技术创新目标值 ε_1 向中小企业收取研发费用 P_R。

为了鼓励中小企业进行减排技术创新，政府决定按其创新成本 P_R 的一定比例 s 进行补贴。

由式（11.7）、式（11.8）和式（11.9）计算可得，中小企业不进行减排技术创新时的最优产品产量、利润及社会福利分别为：$\bar{q}_i^{NR} = 10$，$\overline{\pi}_i^{NR} = 2\,000$ 和 $\overline{SW}^{NR} = 180\,000$。

由式（11.13）、式（11.14）和式（11.15）计算可得，中小企业在政府不对其进行创新补贴的情况下,展开减排技术创新所获利润、研发机构所获利润,以及社会福利分别为:$\overline{\pi}_i^{RN} = 979.59$,$\overline{\pi}_R^{RN} = -14\ 693.96$ 和 $\overline{SW}^{RN} = 99\ 591.8$;中小企业创新与不创新的利润差为 $\overline{\pi}_i^{RN} = -1\ 020.41$。由于中小企业进行创新反而降低了其利润,且研发机构的利润为负,因此,中小企业和研发机构均不愿进行减排技术创新。由 $2\ 000 = a\gamma > \dfrac{P_E^2}{6} = 600$,证实了本章命题 11.1 的结论。

　　由式(11.21)、式(11.22)和式(11.23)计算可得,中小企业在政府对其进行创新补贴的情况下,展开减排技术创新所获利润,研发机构所获利润,以及社会福利分别为:$\overline{\pi}_i^{RS} = 6\ 637.69$,$\overline{\pi}_R^{RS} = 1\ 203\ 470$ 和 $\overline{SW}^{RS} = 279\ 310$。对比可得 $\overline{\pi}_i^{RS} - \overline{\pi}_i^{NR} = 4\ 337.69$ 和 $\overline{SW}^{RS} - \overline{SW}^{NR} = 99\ 310$,因此,中小企业和研发机构均愿意进行减排技术的创新活动,社会福利也得到了极大提高。由 $\dfrac{P_E^3 \varepsilon_0}{P_0 - P_E \varepsilon_0} = 5\ 400$,证实了本章命题 11.4 和命题 11.5 的结论,当 $\dfrac{P_E^2}{6} < a\gamma < \dfrac{P_E^3 \varepsilon_0}{P_0 - P_E \varepsilon_0}$ 时,政府通过对中小企业进行补贴可以使原本无法进行的减排技术创新活动得以实现,且提高了社会福利,因此,政府应该对中小企业减排技术创新进行补贴。

第6篇

环保政策

第 *12* 章 中小企业环保激励机制建设政策

234

　　围绕"防范中小企业偷排，促进中小企业减排"这条主线，首先采用重庆市沙坪坝区在污染源普查数据库中的数据，实证发现中小企业的排污强度和排污系数（每生产一个单位产品所产生的污染物数量）比大型企业更大，是我国环境污染的主要来源；接着，分析了政府强化大型企业的排污规制对中小企业生产及排污行为的影响机理，并研究了政府在只能对中小企业实施不完全规制情况下的中小企业环保激励机制；然后，研究设计了集中治污模式下的排污指标分配机制、监督机制及定价机制；最后，研究了政府应如何通过创新投入补贴，激励中小企业进行减排技术的独立或协同创新，采用清洁生产方式减少污染物排放。

　　研究发现，导致我国中小企业环保规制难的主要原因在于以下四个方面：一是资金、规模及技术等内部资源约束导致中小企业排污系数高、治污能力低；二是中小企业数量庞大，分布分散，环保部门监管资源不足；三是环保部门监管技术落后，监管成本高；四是排污监管标准制定不科学，与实际差距大。因此，为了激励中小企业遵守排污规则，提升减排技术，本研究针对以上原因提出政策建议如下。

12.1　建立绿色产品标签等荣誉机制并丰富奖罚方式

治污与偷排之间的巨大成本差异,是企业的偷排主要动力。为此,政府首先应该尽可能提高对中小企业,尤其是治污企业的违规排污处罚金额和依规治污的奖励金额,缩小治污与偷排之间的成本差异,甚至使偷排成本高于治污成本,激励其自愿治污。

此外,企业并不是以逐利为唯一目标,加上中小企业发展中面临诸多约束,单一的罚金或奖金的方式对中小企业的激励效果不是最大。因此,政府需要丰富奖罚方式,可以采取的措施包括:

(1)实施绿色信贷

贷款难是中小企业发展中面临的最大困境,政府就可以实施绿色信贷,将企业排污记录作为其贷款依据,要求银行对有违规排污记录的中小企业,降低其信贷等级,提高其贷款利率,甚至拒绝放贷;反之,就提高信贷等级,降低贷款利率(或政府贴息),提供或放大贷款风险敞口(或由国有担保公司为其提供信用担保等),既缓解了中小企业贷款难的困境,又提高了对中小企业的环保激励效果,有效促使其守规排污。

(2)建立绿色产品标签制度

我国中小企业在生产规模、生产工艺及流程、生产成本,以及产品功能、性能及质量等方面基本相同,因此,中小企业间就主要是靠成本和价格展开竞争,形成了降价、降质量、降成本和偷排污染物的恶性循环。政府可以通过建立绿色产品标签制度,形成中小企业产品间的差异,打破价格战的恶性循环。其具体做法是,将遵守排污规则或采用清洁生产的中小企业的产品列为绿色产品,同时加大该制度的宣传力度,鼓励民众购买有绿色产品标签的产品,提高这些中小企业的产品竞争力,提高其产品价格和利润(如现在绿色农产品和有机食品的售价和利润明显高于同行业评价水平),以此激励中小企业减排。

(3)利用企业及个人的声誉及荣誉制度

根据马斯洛的需求层次理论,无论企业还是个人,除了经济和物质追求之外,还有一些非经济和物质的追求,如企业家有了一定经济地位后就会有政治诉求,而且非经济目标的实现可能反过来促进经济目标的实现。政府应该有效利用企业及个人对于声誉及荣誉的追求,建立或完善声誉及荣誉制度。在企业方面,可以授予环保模范企业、清洁生产先进企业等;在个人(尤其是中小企业最高决策人等)方面,可以授予劳模、标兵、优秀党员、政协委员等,提高企业及个人通过治污获得的效用,从而提高对企业环保的激励。

12.2 优选规制企业,放松低排污强度企业规制,提高不完全规制效果

世界各国的实践表明,由于法律、经济及技术等方面的原因,要对经济体系中数量庞大、分布分散的中小企业进行与大型企业相同严格程度的规制几乎是不可能的,只能是实施不完全环保规制。

政府进行不完全规制时,一般是选取规模相对较大的企业进行监督规制。这类企业的排污系数或排污强度一般在行业中处于较低地位。如果政府重点监督规制对象只有这些企业,不包括那些排污

系数高的中小企业,其规制结果将是这些企业的产品产量下降,其空出来的市场需求就会被那些排污系数高的中小企业所填补,在总产量不变的情况下,行业内的排污总量反而有所提高。

因此,在选择重点监督企业时,除了将那些易于监督的、产量和排污量高的大型企业作为重点监督对象之外,还应将那些有一定规模的、排污系数高的企业纳入重点监督范围。以降低这些排污系数高的企业的产品产量和排污量,而由那些排污系数相对低的企业来填补这些企业留下的市场,从而降低行业排污总量。

若政府确实难以将那些排污系数高的企业纳入重点监督范围,那就应该注意不要对这些企业实施过高的规制标准,避免导致过度降低其产量,导致行业中其他排污系数高的企业提高产量,结果反而增加了行业的总排污量。同时,应设法鼓励这些被重点监督的企业进行减排技术创新,并且在这类企业排污系数降低到一定水平时,放松对这些企业的规制,提高这些低排污企业的产量,挤占高排污企业的市场空间,降低其产品产量,从而降低其排污量,最终减少行业的总排污量。

237

12.3 推进产业布局调整,实施专业化集中治污

12.3.1 集中治污的优势

在中小企业集聚的地区,把同一行业或相近行业的中小企业集中到一起,建立起专业的工业园区,并由专业的污染治理公司对污染

物进行处理,而企业只需要向治污公司缴纳一定的费用,以此实现由我国原先的"谁污染,谁治理"治污模式转变为"谁污染,谁付费"的模式。

专业化集中治污模式对于解决中小企业环保规制问题上所起的作用主要体现在以下几个方面。

（1）解决了中小企业缺乏购买治污设备资金的问题

我国中小企业向环境直接排放未经治理的污染物屡禁不止的主要原因之一是,中小企业规模小,资本金少,根本无法满足购买治污设备的资金需求,因此,只能直接排污。采用专业化集中治污模式下,中小企业只需要将污染物直接排放给专业治污企业,然后按排污种类和排污量向专业治污企业缴纳治污费,中小企业也不需要再投资于治污设备和技术开发,解决了资金缺乏问题,同时还省去了对治污的精力投入,专心经营自己的主业和开拓市场。

（2）实现了治污规模经济,节约了社会治污资源

集中治污下,大量中小企业集中到一起进行生产,其所有污染物都排放给一家专业治污企业,虽然每家中小企业的生产和排污量都很小,没有达到治污的经济规模,但是多家中小企业的污染物集中到一起就形成一个比较大的规模,实现了治污的规模经济。

此外,由每家中小企业自己治污,将产生大量的治污设备重复投资。实施集中治污可以有效解决这个问题。如 9.4 的案例中提到,若生产企业自己治污,按每家企业投资 80 万元建设废水处理池计算,40 家企业投资总额高达 3 200 万元,而集中治污仅投资 1 260 万元,节约近 2 000 万元;按每家企业废水处理设施占地 300 m² 计算,40 家企业

共占地 12 000 m²,而集中治污仅 2 200 m²,节约用地 10 000 m²。

(3)有利于提高治污技术

集中治污是由专业的治污企业为中小企业治理污染物,作为以治污为主业的治污企业,由于长期从事该业务,因此,有动机和能力能够掌握治污的最新知识和技能。如 9.4 的案例中提到,该专业治污企业在经过 2 年多运行后,日处理污水量从 200 t 提升到 1 600 t。处理后的水达到了《污水综合排放标准》(GB 8978)中的一级标准。

(4)有利于政府加强监管

中小企业数量庞大和分布分散的特征与政府环保部门人手不足之间的矛盾是造成直接排污行为屡禁不止的另一主要原因之一。通过建立工业园区,将中小企业聚集到一起,有效解决了这个问题。需要少量的监管人员,就可以对园区内所有的中小企业的排污行为进行监控。而且,政府对中小企业的监管同样取得规模效应,由于区域小,企业多,单个企业的监管成本大大降低,可以提高检查频率,极大降低中小企业偷排可能性。

虽然实施集中治污对于解决中小企业环保规制问题的作用巨大,我国许多地区的实践也证明了其有效性,但是实践中也暴露出一些问题。在实施过程中若不能很好地解决将削弱其作用。

接下来将对集中治污实践中的关键问题提出解决思路。

12.3.2　科学设置集中治污的排污指标分配

生态环境有自我修复能力,也应该对这一自然资源加以有效利用,因此,可以根据一个地区经济发展状况,生态环境状况以及企业的生产及排污等参数,确定一个地区的环境容纳能力和企业的排污指标。

在集中治污中,政府应该随着中小企业排污系数(排污强度)及污染物的单位社会成本的变化而调整给予其排污指标,具体而言,随中小企业排污系数及其污染物的单位社会成本的增加而降低给予其的排污指标,以此限制其产量,减少其污染物排放;反之,则可以提高给予的排污指标,以提高其产量及产品的市场供给,降低产品价格,提高社会福利。

12.3.3 利用治污企业等社会资源的信息优势,实施全民排污监督

在集中治污模式下,专业治污公司比政府在中小企业排污情况的掌握上具有明显的信息优势,且治污公司天然有督促中小企业按政府要求排污以获得更多治污费的动力和激励。因此,政府应充分利用专业治污公司在中小企业排污情况掌握上的信息优势,将政府部分监测职能"委托"给治污企业,并采取举报有奖,"偷懒"受罚的措施,与其联合对中小企业进行环保监管,既可以有效解决政府在中小企业排污行为上的信息劣势,还可以解决政府环保规制资源严重不足的问题,在减少政府监督投入的同时,降低中小企业偷排概率,提高中小企业产量和利润、治污企业利润以及社会福利。

当然,政府还可以广泛进行环保宣传,提高全民参与环保的意识,发动全社会民众,尤其是中小企业员工,对中小企业的排污行为进行监督举报,杜绝其偷排的可能性。

12.3.4　转变政府职能，打破治污企业垄断，实施治污指导定价

现行集中治污模式都是由政府负责引进治污企业。这种情况下，治污企业在集中治污中处于完全垄断地位，必然通过制订过高的治污价格压榨中小企业的利润，不仅将迫使小企业降低产量和增加偷排概率来减少排污量，还会迫使政府以提高检测频率的方式来防止中小企业偷排，最终导致高额的社会福利损失。

为此，政府可以转变引进治污企业的方式，变为政府向园区的中小企业推荐几个候选治污企业，中小企业自己决定入选企业；或直接由中小企业自己搜寻选择治污企业，以此打破治污企业的自然垄断地位，使集中治污定价更合理。

当然政府另一个可行的做法是，对治污企业的治污定价行为进行指导干预，如设定治污价格上限或采取政府定价方式（如以中小企业边际治污成本为治污价格），以此提高中小企业产量并降低其偷排概率，进而提高社会福利。

但是，若政府只是简单地限定治污企业的治污价格，只能以治污企业利润的损失换取社会福利的提高，将打击治污企业的积极性，为此，政府需要进行收入再分配，一种可行的做法是要求中小企业向园区交一笔固定的治污费用，由园区再转移给治污企业，或要求中小企业直接向治污企业缴纳固定治污费用（如门槛费），使集中治污各方利益和社会福利都得到提高，行业排污总量得以降低。

12.4 灵活使用税收和补贴手段，激励减排技术创新，推广清洁生产

国内外清洁生产的实践和示范工程（Demonstration Project）表明，通过对企业的废物审计和清洁生产的实施，在国家投入少量资金的条件下，短期内即可减少原材料消耗的 5% ~ 10%，污染物排放减少50%，经济效益显著，很好地促进了可持续发展。

12.4.1 清洁生产的内涵

242

（1）清洁生产的定义

清洁生产是指将综合预防的环境保护策略持续地应用于生产过程和产品中，以期减少对人类和环境的风险。对生产过程而言，清洁生产包括节约原材料和能源，淘汰有毒原材料并在全部排放物和废物离开生产过程以前减少它的数量和毒性。对产品而言，清洁生产策略旨在减少产品在整个生产周期过程（包括从原料提炼到产品的最终处置）中对人类和环境的影响，后又扩大到服务领域。

（2）清洁生产的优势

从"先制污，再治污"的末端治理到清洁生产是人类环保思想从"治"到"防"的一次飞跃。其主要优势体现在以下四个方面：①资源、

能源利用及污染物削减;②废弃物处理效果;③实施方案所产生的经济效益;④保护企业员工健康。

（3）国内清洁生产的成功经验

我国通过清洁生产的审计和清洁生产方案的实施,企业产生了明显的经济效益、环境效益和社会效益。如浙江省,在绍兴和杭州的纺织和食品企业产生清洁生产方案 165 个,每年可降低耗水约 23.68 万 t,每年可节约粮食 28 t,节煤 280 t,节约硅藻土 0.22 t,削减废水排放 12.7 万 t、CODcr 排放 368.8 t、SS49.2 t,年产生经济效益 215 万元。实践证明,清洁生产是适合我国中小企业排污治理的有效生产方式。

12.4.2　实施清洁生产的途径

243

从清洁生产的定义可以看出,实施清洁生产的途径主要包括 5 个方面:

①绿色设计,在工艺和产品设计时,要充分考虑资源的有效利用和环境保护,生产的产品不危害人体健康,不对环境造成危害,易于回收。

②原料和能源的清洁性。

③采用资源利用率高、污染物排放量少的工艺技术与设备。

④加强综合与循环利用。

⑤改善环境与质量管理。

其中,采用资源利用率高、污染物排放量少的工艺技术与设备是实施清洁生产的重要手段和主要途径。

12.4.3 以提高排污税率与财政补贴相结合,促进减排技术创新

政府要激励中小企业进行减排技术创新,采用清洁生产方式,显然应该采用以"诱导"为主、"强制"为辅的激励政策。

①若中小企业不愿通过减排技术投资来实施清洁生产方式,政府就应该提高中小企业的排污税率,增加其排污成本,以此降低中小企业及整个行业的排污总量。

②由多家中小企业共同出资,委托一家专业研发机构,利用外部优势研发资源开发具有行业共性的减排技术,对中小企业而言是一种更合理的创新方式。政府应该对此进行合理补贴,促进协同创新的实施:

a.当中小企业合作的研发机构创新能力很强时,或治污企业收取的单位治污价格较高时,中小企业能通过减排技术协同创新获得更高的利润,在这种情况下,政府无须补贴。

b.当中小企业合作的研发机构创新能力很弱时,中小企业进行减排技术创新所承担的成本过高,政府无法通过补贴来同时提高中小企业的利润和社会福利,政府补贴起不到激励中小企业的作用,政府也就没有必要补贴。

c.只有在与中小企业合作的研发机构创新能力不是很强,或治污企业收费较高,使得中小企业投资减排技术创新会导致其利润有一定程度降低时,政府才有必要也应该对中小企业进行补贴,以此使其投资减排技术创新的利润高于不创新的利润,从而激励其进行减排技术创新投资。

12.5 推动产业内中小企业整合,优化产业结构

中小企业因缺乏资金和技术支持,多集中于劳动密集型的高污染行业。而且在这些高污染行业里,中小企业采用的是这些行业中的落后工艺和技术。因此,政府应鼓励具有一定规模和生产经营实力的中小企业,由其牵头,采用兼并、收购、重组等方式对行业内重污染的中小企业进行整合,一则可以实现生产和排污、治污的规模经济;二则可以整合各方的优势资源,实现"1+1>2"的协同效应;三则可以淘汰落后产能,减少行业内高污染企业的数量,优化产业结构,最终减少行业内排污总量。

12.6 加大环保监测固定投入,提高监测技术水平和监测频率

建议政府加大环保监测的固定投入,改变我国环保部门因环保监测仪器技术水平较低,故障率高,监测数据不准而更多采用现场采样的方式监测企业排污情况的现状。如建立 24 小时在线监控系统,实现对中小企业的 24 小时全天候监控,既提高了监测的准确性,又降低了环保部门每次监测的变动成本,以此提高环保部门的监测频率。当完全实现对中小企业随时随地都可以监控时,中小企业就不会再存在偷排成功的侥幸心理,就会按政府要求治理污染物。

参考文献

Alpay E, Buccola S, Kerkvlie J. 2002. Productivity Growth and Environmental Regulation in Mexican and U.S. Food Manufacturing[J]. American Journal of Agricultural Economics, 84(4):887-901.

Barbera A J, Mc Connel V D. 1990.The impact of environmental regulations on industry productivity: direct and indirect effects[J]. Journal of environmental economics and management, 18(1):50-65.

Barratt R S. 2006. Meeting life long learning needs by distance teaching-clean technology [J]. Journal of Cleaner Production, 14(2): 906-915.

Beccali M, Cellura M, Mistretta M. 2003. Decision-making in energy planning. Application of the Electre method at regional level for the diffusion of renewable energy technology[J]. Renewable Energy, 28(3):2063-2087.

Berman E, Bui L T. 2001. Environmental regulation and productivity:Evidence from oil refineries[J]. The review of economics and statistic, 88(3):498-510.

Bernstein I H. 2005. Likert scale analysis[J]. Encyclopedia of Social Measurement, 25(2):497-504.

Bialas W, Karwan M. 1982. On Two-Level Optimization[J]. IEEE Transactions on Automatic Control, 27(1):211-214.

Boyd G A, McClelland J D. 1999. The impact of environmental constraints on productivity improvement in integrated paper plants[J]. Journal of environmental economics and management, 38(2):121-142.

Brooks N. Sethi R. 1997. The Distribution of Pollution: Community Characteristics and Exposure to Air Toxics[J]. Journal of Environmental Economics and Management, 32(7):233-250.

Brunner meier S B, and Cohen M A. 2003.Determinants of environmental innovation in US manufacturing industries[J]. Journal of Environmental Economics and Management, 45(2):278-293.

Brunner N, Starkl M. 2004. Decision aid systems for evaluating sustainability: a critical survey[J]. Environmental Impact Assessment Review, 24(6):441-469.

Bunch R, Finlay J. 1999. Environmental leadership in business education: where's the innovation and how should we support it? [J]. Environmental Training, 42(6):70-77.

Christiansen G B, Haveman R H. 1981. The Contribution of Environmental Regulations to Slowdown in Productivity Growth[J]. Journal of Environmental Management, 8(4):381-390.

Cloete E. 2001. Electronic education system model[J]. Computers and Education, 36(7):171-182.

Conrad K, Wastl D. 1995. The impact of environmental regulation on productivity in German industries[J]. Empirical Economics, 20(4): 615-633.

Crompton S, Roy R, Caird S. 2002. Household ecological foot printing for active distance learning and challenge of personal lifestyles[J]. International Journal of Sustainability in Higher Education, 3(4): 313-323.

Dalkey N, Helmer O. 1963. An experimental application of the Delphi method to the use of experts[J]. Management Science. 50(9): 458-467.

Desanctis G, Fayard A L, Roach M. Jiang L. 2003. Learning in online forums. European[J]. Management Journal, 21(5):565-577.

Denison E F. 1981. Accounting for Slower Economic Growth:The United States in the 1970s [J]. Southern Economic Journal, 47(4): 1191-1193.

Diduck, A.. 1999. Critical education in resource and environmental management: learning and empowerment for sustainable future [J]. Journal of Environmental Management, 57(9):85-97.

Domazlicky B R, and Weber W L. 2004. Does environmental protection lead to.slower productivity growth in the chemical industry[J]. Environmental and resource economics, 28(3):301-324.

Dominik, J., Loizeau, J.-L., Thomas, R.L.. 2003. Bridging the gaps between environmental engineering and environmental natural science education [J]. International Journal of Sustainability in Higher Education, 4(1):17-24.

Fowlie,M. 2008. Incomplete environmental regulation, imperfect incomplete competition and emission leakage[R]. NBER Working Paper No. 14421.

Gollop F M, and Robert M J. 1983. Environmental regulations and productivity growth: the case of fossil-fueled electric power generation[J]. Journal of Political economy, 91(4): 654-674.

Govindasamy, T. 2002. Successful implementation of e-learning. Pedagogical considerations[J]. The Internet and Higher Education, 22(4): 287-299.

Grover D. 2013. The 'advancedness' of knowledge in pollution-saving technological change with a qualitative application to SO_2 cap and trade[J]. Ecological Economics, 89(5): 123-134.

Gray W B. 1987. The cost of regulation: OSHA, EPA and the productivity slowdown [J]. American Economic Review, 77(5): 998-1006.

Gray W B, Shimshack J P. 2011. The effectiveness of environmental monitoring and enforcement: A review of the empirical evidence[J]. Review of Environmental Economics and Policy, 5(1): 3-24.

Hale M. 1995. Training for environmental technologies and environmental management[J]. Journal of Cleaner Production, 13(3): 19-23.

Hale M. 1996. Ecolabelling and cleaner production: principles, problems, education and training in relation to the adoption of environmentally sound production processes[J]. Journal of Cleaner Production, 31(4): 85-95.

Harford J D. 1997. Firm Ownership Patterns and Motives for Voluntary Pollution Control[J]. Managerial and Decision Economics, 18(6): 421-432.

Harrington W. 1988. Enforcement Leverage When Penalties Are Restricted[J]. Journal of Public Economics, 37(2):29-53.

Hwang G J, Huang T C, Tseng J C. 2004. A group-decision approach for evaluating educational web sites [J]. Computers & Education , 42(5):65-86.

Ismail J. 2002. The design of an e-learning system: beyond the hype[J]. Internet and Higher Education, 33(4):329-336.

Jaffe A B, and Palmer J K. 1997. Environmental Regulation and Innovation:A Panel Data Study[J]. Review of Economics and Statistics, 79(4):610-619.

Jaffe A B, Peterson B, Portney P.et al. 1995. Environmental regulation and the Competitiveness of U.S. Manufacturing:What Does the Evidence Tell Us[J]. Journal of Economic Literature, 33(1):132-163.

Jenkins R. 1998. Environmental Regulation and International Competitiveness:A review of Literature and some European Evidence[R]. Discussion Paper,Institute for New Technologies.

Jintao X, Hyde W F, Amacher G. 2003. China's Paper Industry:Growth and environmental policy during economic reform[J]. Journal of Economic Development, 12(1):49-79.

Jorgenson D J, Wilcoxen P J. 1990. Environmental regulation and U.S economic growth [J]. The RAND Journal of Economics, 21(2):314-340.

Lanjouw J O,and Mody .1996. A.Innovation and the international diffusion of environmentally responsive technology [J]. Research Policy, 25(4):549-571.

Lear K K. 1998. An Empirical Examination of EPA Administrative Penalties[R]. Working Paper, Kelley School of Business, Indiana University(March).

Levin D. 1998. Taxation within cournot oligopoly[J]. Journal of Public Economics, 27(3): 281-290.

Oates W E, Strassmann D L. 1984. Effluent fees and market structure[J]. Journal of Public Economics, 24(1):29-46.

Paetzold A., Smith M., Warren P.H., et al. 2011. Environmental impact propagated by cross-system subsidy: chronic stream pollution controls riparian spider populations[J]. Ecology, 92(9):1711-1716.

Palmer K,Oates W E,and Portney P R. 1995. Tightening Environmental Regulation Standard: The Benefit-Cost or the No-Cost Paradigm? [J]. Journal of Economic Perceptivities, 9(4):119-132.

Pang A, Shaw D. 2011. Optimal emission tax with pre-existing distortions [J]. Environmental Economics and Policy Studies, 13(2):79-88.

Porter M E. 1991. America's Green Strategy[J]. Scientific American, 4:168.

Porter M E,and Linde C. 1995. Toward a New Conception of the Environment-Competitiveness Relationship[J]. Journal of Economic Perspectives, 9(4):97-118.

Rhoades S E. 1985. The Economist's View of the world:Government, Markets, and Public Policy[M]. New York:Cambridge University Press.

Ribeiro F M, Kruglianskas I. 2012. Improving environmental permitting through performance-based regulation: A case study of Sao Paulo

State, Brazil[J]. Journal of Cleaner Production, 46(5):15-26.

Siegel P B, Johnson T G. 1993. Measuring the Economic Impacts of Reducing Environmentally Damaging Production Activities[J]. The Review of Regional Studies, 23(3):237-253.

Simpson R. 1995. Optimal pollution taxation in a cournot duopoly[J]. Environmental & Resource Economics, 6(4):359-369.

Sinclair A J, Diduck A P. 2001. Public involvement in EA in Canada: a transformative learning perspective [J]. Environmental Impact Assessment Review, 21(2):113-136.

Square R. 2005. Exploring the relationship between environmental regulation and competitiveness—A literature review[R]. working paper.

Stevens R.J.L., Moustapha M.M., Evelyn P., et al. 2013. Analysis of the Emerging China Green Era and Its Influence on Small and Medium-Sized Enterprises Development: Review and Perspectives[J]. Journal of Sustainable Development, 6(4):86-105.

Tanaka M. 2012. Multi-Sector Model of Tradable Emission Permits[J]. Environmental and Resource Economics, 51(1):61-77.

Zhang Y, Wu Y, Yu H, et al. 2013. Trade-offs in designing water pollution trading policy with multiple objectives: A case study in the Tai Lake Basin, China[J]. Environmental Science & Policy, 33(11): 295-307.

Zeng S.X, Meng X.H., Zeng R.C., et al. 2011. How environmental management driving forces affect environmental and economic performance of SMEs: a study in the Northern China district[J]. Journal of Cleaner Production, 19(13):1426-1437.

安锦. 2009. 我国生态环境保护的财政补贴制度研究[J]. 经济论坛，9：9-11.

杜小伟. 2009. 政府规制下企业环境责任缺失的成因、对策分析[J]. 广西财经学院学报，6：16-23.

高伟强. 2009. 中小企业有效实施 ISO14000 标准与可持续发展研究[D]. 兰州：兰州商学院.

高新华，汪莉，曹云者，等. 2006. 辽宁省 1980—2003 年氮氧化物排放清单初步研究[J]. 环境科学研究，19（6）：35-39.

国家环境保护局科技标准司. 1996. 工业污染物产生和排放系数手册[M]. 北京：中国环境科学出版社.

郭庆. 2007（a）. 治污能力制约下的中小企业环境规制[J]. 山东大学学报，5：105-110.

郭庆. 2007（b）. 中小企业环境规制的困境与对策[J]. 东岳论丛，3：101-104.

郭庆. 2007（c）. 信息不对称条件下的环境规制[J]. 山东经济，4：10-14

郭庆. 2009.（a）环境规制中的规制俘获与对策研究[J]. 山东经济，3：121-125.

郭庆，李佳路. 2005. 环境规制中的激励与监督——国外理论研究综述[J]. 环境经济，8：30-32.

郭庆. 2009（b）. 世界各国环境规制的演进与启示[J]. 东岳论丛，6：140-142.

贺立龙，陈中伟，张杰. 2009. 环境污染中的合谋与监管：一个博弈分析[J]. 青海社会科学，1：33-38.

何瑛. 2007. 中小企业治污约束的经济学分析[D]. 杭州：浙江工商大学.

253

何瑛，何爱英. 2007. 中小企业的特点对污染治理的影响与解决途径分析[J]. 经济师，1:205-206.

胡健，李向阳，孙金花. 2009. 中小企业环境绩效评价理论与方法研究[J]. 科研管理. 3:150-165.

黄顺武. 2007. 环境规制对 FDI 影响的经验分析：基于中国的数据[J]. 当代财经，6:87-91.

姜楠. 2009. 中小企业生态环境关键因子研究[D]. 大连：大连海事大学.

焦豪. 2008. 企业动态能力、环境动态性与绩效关系的实证研究[J]. 软科学，4:112-117.

李本庆，丁越兰. 2006. 环境污染与规制的博弈论分析[J]. 海南大学学报人文社会科学版，4:541-545.

李荷香. 2007. 腾飞公司建立环境管理体系的应用研究[D]. 大连：大连海事大学.

李寿德，黄采金，魏伟，等. 排污权交易条件下寡头垄断厂商污染治理 R&D 投资与产品策略[J]. 系统管理学报，2013，22(4):586-591.

李新令，王嘉松，黄震. 2007. 机动车颗粒污染物排放因子研究进展[J]. 污染防治技术，20(2):41-44.

李泳，李金青. 2009. 环境规制政策与中国经济增长——基于一种可计算非线性动态投入产出模型[J]. 系统工程，11:7-13.

李郁芳，李项峰. 2007. 地方政府环境规制的外部性分析——基于公共选择视角[J]. 财贸经济，3:54-59

李煜华，张铁男，孙凯. 2008. 基于价格控制的排污收费二层线性规划模型[J]. 决策参考，11:41.

李宇雨. 2012. 中小企业环境规制机制研究[J]. 现代管理科学, 31(9):112-114.

李项峰. 2007. 环境规制的范式及其政治经济学分析[J]. 暨南学报(哲学社会科学版), 2:47-52.

刘研华. 2007. 中国环境规制改革研究[D]. 沈阳:辽宁大学.

马士国. 2008. 环境规制工具的选择与实施:一个评述[J]. 世界经济文汇, 28(3):76-90.

马士国. 2007. 环境规制机制的设计与实施效应[D]. 上海:复旦大学.

马士国. 2009. 基于市场的环境规制工具研究评述[J]. 经济社会体制比较(双月刊), 24(2)183-191.

孟卫军. 2010. 溢出率、减排研发合作行为和最优补贴政策[J]. 科学学研究, 28(8):1160-1164.

孟卫军. 2010. 基于减排研发的补贴和合作政策比较[J]. 系统工程, 28(11):123-126.

秦荣. 2012. 环境污染外部性的内部化方式探讨[J]. 资源节约与环保, 23(2):68-69.

生延超. 2008. 环境规制的制度创新:自愿性环境协议[J]. 华东经济管理, 10:27-30.

石淑华. 2008. 美国环境规制体制的创新及其对我国的启示[J]. 经济社会体制比较(双月刊), 23(1):166-171.

宋英杰. 2006. 基于成本收益分析的环境规制工具选择[J]. 广东工业大学学报(社会科学版), 6(1):29-31.

宋之杰, 孙其龙. 2012. 减排视角下企业的最优研发与补贴[J]. 科研管理, (10):80-89.

汤吉军. 2011. 市场结构与环境污染外部性治理[J]. 中国人口资源与

环境，21（3）：1-4.

王爱君，孟潘. 2014. 国外政府规制理论研究的研究脉络及其启示[J]. 山东工商学院学报，28（1）：109-113.

王伯光，邵敏，张远航，等. 2006. 机动车排放中挥发性有机污染物的组成及其特征研究[J]. 环境科学研究，19（6）：75-80.

王锋正. 2010. 低碳经济视角下内蒙古工业企业节能减排技术创新路径研究[J]. 科学管理研究，28（3）：40-46.

王铠，吕尽轩. 2005. 中小企业的污染治理和可持续发展的对策研究[J]. 安徽理工大学学报（社会科学版），7（3）：18-22.

汪小勇，万玉秋，姜文，等. 2012. 美国跨界大气环境监管经验对中国的借鉴[J]. 中国人口资源与环境，22（3）：118-123.

王艳，杨忠直. 2005. 健康资本、效率工资与政府补贴——企业环境保护行为的微观分析[J]. 上海交通大学学报，39（10）：1578-1581.

王怡. 2007. 环境规制下企业污染治理战略联盟模式研究[J]. 石家庄经济学院学报，30（5）：30-32.

肖文，钟小芹，王先甲. 2003. 排污市场化管理与政府监管[J]. 科技进步与对策，19（7）：45-47.

谢鑫鹏，赵道致. 2013. 低碳供应链企业减排合作策略研究[J]. 管理科学，26（3）：108-119.

许冬兰，董博. 2009. 环境规制对技术效率和生产力损失的影响分析[J]. 中国人口资源与环境，19（6）：91-96.

宣晓冬. 2000. 中小企业的环境管理[J]. 数量经济技术经济研究，16（6）：41-43.

闫杰. 2008. 环境污染规制中的激励理论与政策研究[D]. 青岛：中国海洋大学.

尹显萍，王梦婷. 2009. 环境规制对比较优势的影响[J]. 生态经济，
　　24（2）：189-193.

臧传琴. 2009. 环境规制工具的比较与选择——基于对税费规制与可
　　交易许可证规制的分析[J]. 云南社会科学，27（6）：87-102.

张红凤，张细松. 2012. 环境规制理论研究[M]. 北京：北京大学出
　　版社.

张红凤，陈淑霞编译. 2007. 环境规制对企业有好处吗——对波特假
　　说的一个检验[J]. 国家行政学院学报，27（6）：104-106.

张红凤，陈淑霞. 2008. 环境与经济双赢的规制内在机理与对策[J].
　　财经问题研究，25（3）：43-46.

张红凤，周峰，杨慧，郭庆. 2009. 环境保护与经济发展双赢的规制绩
　　效实证分析[J]. 经济研究，54（3）：14-27.

赵红. 2006. 美国环境规制的影响分析与借鉴[J]. 经济纵横，21（1）：
　　55-57.

赵红. 2008. 环境规制对产业绩效的影响研究综述[J]. 生产力研究，
　　22（3）：162-166.

张俊燕. 2009. 中国环境规制机制研究[D]. 北京：中国政法大学.

张俊燕. 2009. 中国环境规制机制研究——以排污权交易为例[D].
　　北京：中国政法大学.

张嫚. 2005. 环境规制与企业行为间的关联机制研究[J]. 财经问题研
　　究（4）：34-39.

张世秋. 2005. 中国环境管理制度变革之道：从部门管理向公共管理
　　转变[J]. 中国人口资源与环境，15（4）：90-94.

张友国. 2004. 一般均衡模型中排污收费对行业产出的不确定性影
　　响——基于中国排污收费改革分析[J]. 数量经济技术经济研

究，20(5):156-161.

赵晓英. 2006. 我国中小企业可持续发展研究[D]. 长沙:湖南农业
　　大学.

赵玉民，朱方明，贺立龙. 2009. 环境规制的界定、分类与演进研
　　究[J]. 中国人口资源与环境，19(6):85-90.

赵勇，祝飞，岳超源. 1999. 排污收费的定价模型探讨[J]. 华中理工
　　大学学报，27(4):74-75.

中国环境科学研究院. 2008. 第一次全国污染源普查工业污染源产排
　　污系数核算项目技术报告[R]. 北京:中国环境科学研究院.

周卫. 2009. 美国环境规制与成本——收益分析[J]. 西南政法大学学
　　报(1):72-77.

左佳. 2009. 完善中国环境规制法律体系研究[D]. 沈阳:辽宁大学.